BCG
カーボンニュートラル
実践経営

ボストン コンサルティング グループ 著

BCG Carbon Neutral
Strategy

日経BP

はじめに

このところ、ビジネス系のメディアには「カーボンニュートラル」「脱炭素」に関わる記事が連日のように、それも複数掲載され、その分量も日ごとに増えていっている。CO_2（二酸化炭素）排出規制のような政策に関わるものから、国際協調の枠組み、投資家の動向、消費者の意識、企業の先進的な取り組みまで内容面も多岐にわたる。加えて、脱炭素がテーマとあってCO_2の議論を想定して読み進めると、化石燃料の代替としての水素やアンモニアなどが取り上げられていたりもする。議論対象の幅が広がり、追うのも難しいほどの目まぐるしさだ。

そのような慌ただしい展開の中で明らかになってきているのは、カーボンニュートラルへの取り組みが、今や社会、国、企業にとって最重要アジェンダの一つであること、また企業目線では、対応の仕方によってはその浮沈に大きく影響する大問題であるということだ。今、企業が下す意思決定やアクションが今後数十年にわたる企業の競争力を大きく左右する可能性があると言える。

世の流れや競合に追従するのみでは後塵を拝することとなり、競争優位は構築できないだろう。半面、カーボンニュートラル実現に向けむやみにアクセルを踏めば、不要な投資を重ねたり、既存事業の競争力劣化につながったりするリスクも大きい。よって、この資本主義の大変容をもたらしかねない新しい環境を正しく理解し、どう適切に「カーボンニュートラル経営」を推し進めていくかは、極めて重要なアジェンダになっている。

一方で、一人のビジネスパーソンとしては、頭ではこのカーボンニュートラル議論の重要性を理解しつつも、起きていることの全体像を十分に理解できているか自信がなかったり、今さら聞けない部分や腹落ちしていない部分が残っていたり、やるべきことの多さに圧倒されたりして、「もやもや感」や前に踏み出すことへの「躊躇」を感じる方々も多いのではないか。これには、カーボンニュートラルの議論は領域が広く複雑であること、2050年に向けて2030年に何をする、というように時間軸が長過ぎて、遠い未来の話のように感じられること、将来の展開が極めて不透明かつ不明確なこと、などが影響している。要は、個々人にとっては、全体像を捉えにくく、理解しづらい難テーマと言えるだろう。

しかしながら、カーボンニュートラルの重要性や高まる緊急性を鑑みると、理解のしづらさを嘆く猶予は許されない。カーボンニュートラルを深く理解し、しっかりと自分自身の考えを持つことで、もやもや感や躊躇をいち早く取り除き、果敢に前に踏み出すべき地合いになっている。

私たちボストン コンサルティング グループ（BCG）は、カーボンニュートラル経営に関して、広く企業の皆様と議論を重ねてきた。その経験から、この複雑で分かりにくいアジェンダについての理解を深め、前向きに挑戦するマインドを持つには、以下のごくシンプルな「問い」に立ち戻らなければならないと考える。これらの問いを通じて情報を再整理し、関連知識を結びつけることで、全体感をつかみ、自身の見解を構築できる。ひいては自信を持ってカーボンニュートラルへの取り組みに向き合えるだろう。その問いとは、以下の3つである。

問い①なぜ今、カーボンニュートラルに向けて本気で取り組まねばならないのか
問い②カーボンニュートラルに向けて、企業はどのような取り組みをする必要があるのか
問い③カーボンニュートラルの取り組みを成功させるには、どのようなことに注意すべきか

本書はこの3つの問いに沿ったかたちで論を進め、皆様の思考の整理や、カーボンニュートラル経営のイメージの明確化の一助としていただければと思う。トピックは多岐にわたり、ときに経営目線寄りに、ときに実務目線寄りにと語り口が行き来するところもあるが、マクロとミクロの両面からの理解が重要なので、お付き合いいただければ幸いである。

さて、そのような問題意識をベースに本書の内容を概観してみよう。まず、「第1章なぜ今、『カーボンニュートラル経営』なのか」では、1つ目の問い「なぜ今、カーボンニュートラルに向けて本気で取り組まねばならないのか」を、さらに以下の7つの問いに分解し、ビジネスパーソンが把握しておくべき、カーボンニュートラルを取り巻く背景、現状、今後の方向性を明らかにしていく。

①カーボンニュートラルとは何か
②なぜ今、カーボンニュートラルが必要とされているのか
③どのような枠組みで推進しているのか
④カーボンニュートラルは世界全体で実現可能なのか
⑤各国はカーボンニュートラルを本当に推進するのか

⑥カーボンニュートラルは、日本にとって実現可能なのか
⑦日本は、カーボンニュートラルにどう対峙すべきか

これらの問いを順に考察していくことで、そもそもカーボンニュートラルとは何なのか、これほど大規模な変革を本当に進めるべきなのか、国や企業は本腰を入れて取り組むのか、などといった、カーボンニュートラルに関わる根っこのところの疑問点に答え、読者の皆様の「もやもや感」を解消できればと思う。

次に、「第2章『カーボンニュートラル経営』とは」においては、2つ目の問い「カーボンニュートラルに向けて、企業はどのような取り組みをする必要があるのか」に答えるべく、読者の皆様がカーボンニュートラル経営を検討し、実行していくプロセスを以下の3つのステップに分け、それぞれのステップで必要な取り組みの詳細を提示していく。

ステップ1　準備をする
ステップ2　戦略を定める
ステップ3　着実に推進し、成果を示す

ここでは、各ステップでやるべきことを一つひとつ丁寧にひもとくことで、カーボンニュートラル経営に取り組むことへの障壁を下げ、「躊躇」をしっかりと解消できればと思う。また、日ごろの実務では、CO_2をどう算定するか、どのように情報開示をし、外部ステークホルダーとコミュニケーションするか、など、種々の対応に追われる中で、どうしても「守り」の側面に目が行きがちであるが、大きなビジネス機会である「攻め」の側面にも目配りしながら、カーボンニュートラル経営の全体像をお示ししたい。

さらに、「第3章　カーボンニュートラル経営の要諦」では、3つ目の問い「カーボンニュートラルの取り組みを成功させるには、どのようなことに注意すべきか」について考える。ビジネスリーダーが従来の経営手法の常識を超えて、カーボンニュートラルに大胆かつ細心に取り組むに当たって重要となる7つのポイント、留意点を議論させていただく。

なお、本書の内容には、BCGが国内外で実施しているカーボンニュートラル経営に向けた支援業務からの知見を最大限に反映している。カーボンニュートラルへの取り組みはグローバル市場で共通の課題であるため、先進の海外事例から日本企業への学びを抽出することができる。同時に、成功に向けては日本市場ならびに日本企業のポジショニングの独自性も考慮に入れる必要があり、日本ならではの状況、課題に対しての考察も織り込んでいる。

カーボンニュートラルは、多くの日本企業に大きなチャレンジを投げかけるが、同時に競争力強化へのチャンスをもたらすものでもある。本書を通じ、読者の皆様がカーボンニュートラル経営の本質への理解を深め、目指す方向に経営変革を力強くけん引し、日本企業の競争力強化につなげていただければ幸いである。

目次

注：本書に登場する会社名や商品名は、各社の登録商標または商標です。本書では、®、TMなどを省略しています。本書は執筆時点の情報に基づいており、お読みになるときには変わっている可能性がございます。

第 1 章

なぜ今、「カーボンニュートラル経営」なのか

地球規模の課題であるカーボンニュートラルを自社の経営に結びつけるには、マクロな視点に立ち、その背景、現状、方向性を押さえることが欠かせない。第1章では、7つの根本的な問いを通じ、なぜ今、企業経営にアクションが求められているのかを確認していきたい。

1-1 カーボンニュートラルとは何か

この章ではまず、「カーボンニュートラルとはそもそも何なのか」「なぜ今、必要とされているのか」「どのような枠組みで推進しているのか」という3つの問いについて考える。次いで、世界各国、そして我が国の取り組みの方向性に関する問い、「カーボンニュートラルは実現可能なのか」「各国は本当に推進するのか」「日本はどう対峙すべきか」について考察するという順で筆を進めていく（**図表1-1-1**）。

今さらであるが、これからの議論の出発点とし

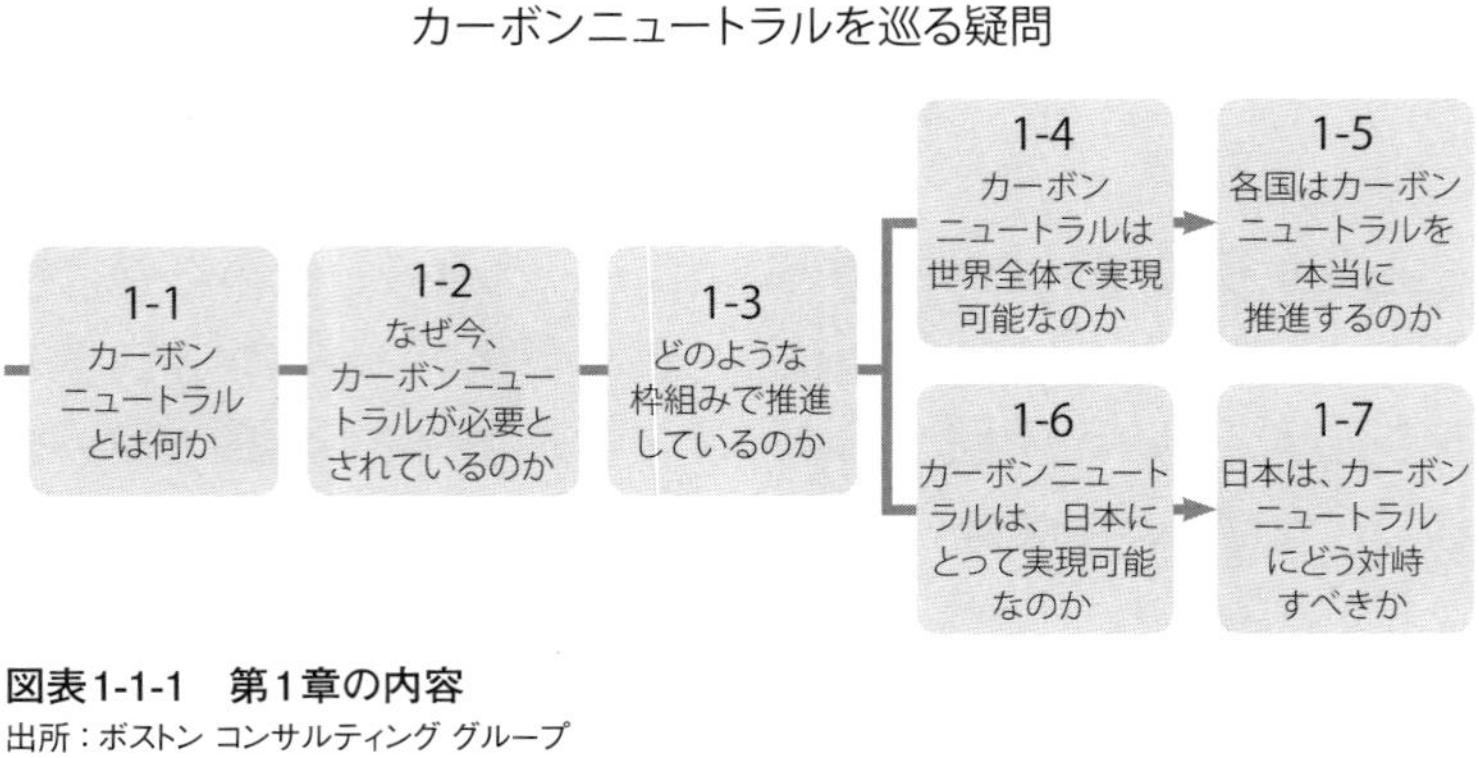

図表1-1-1　第1章の内容
出所：ボストン コンサルティング グループ

て、「カーボンニュートラル」の定義を確認しておきたい。カーボンニュートラルとは、「大気中への人為的なCO_2排出について、排出と回収・吸収のバランスを取り、実質的にゼロにすること」である。

「カーボン」とは炭素、基本的にはCO_2のことである。ただし、CO_2以外のGHG（温室効果ガス）全般も対象に含まれることがある。CO_2の排出が差し引きゼロとなった状態が「ニュートラル（中立）」と呼ばれている。ここまではご承知の読者も多いだろう。では、なぜ「人為的」排出が問題なのだろうか。

なぜ、「人為的」排出なのか

最初に確認しておくべきは、地球の「CO_2排出フロー」である。わざわざ「人為的」と断るからには、人為的でないCO_2排出もある。実は、「自然は人間活動の数十倍ものCO_2を排出している」と聞くと、多くの方が驚かれるのではないだろうか。

これを理解するために役立つのが、「炭素循環（カーボンサイクル）」の整理である。私たちは今、「大気中のCO_2」に着目しているが、炭素は大気中のみならず、生物の体や地中の有機物、海水に溶けたCO_2など、様々なかたちで存在している。その全体の循環を捉えたのが、炭素循環である（**図表1-1-2**）。

大気へ炭素を出し入れするルートには、主に「人間活動」「土壌・植物」「海洋」の3つがある。そして、土壌や海洋の「人為的でない」排出は、「人為的な排出」とは比べものにならない大量のCO_2を大気中に放出している。

植物は、光合成によりCO_2を吸収する一方で、呼吸によりCO_2を排出する。土壌からは、植物の根や微生物の呼吸（枯れ木・落ち葉などの有機物の分解）により、CO_2が

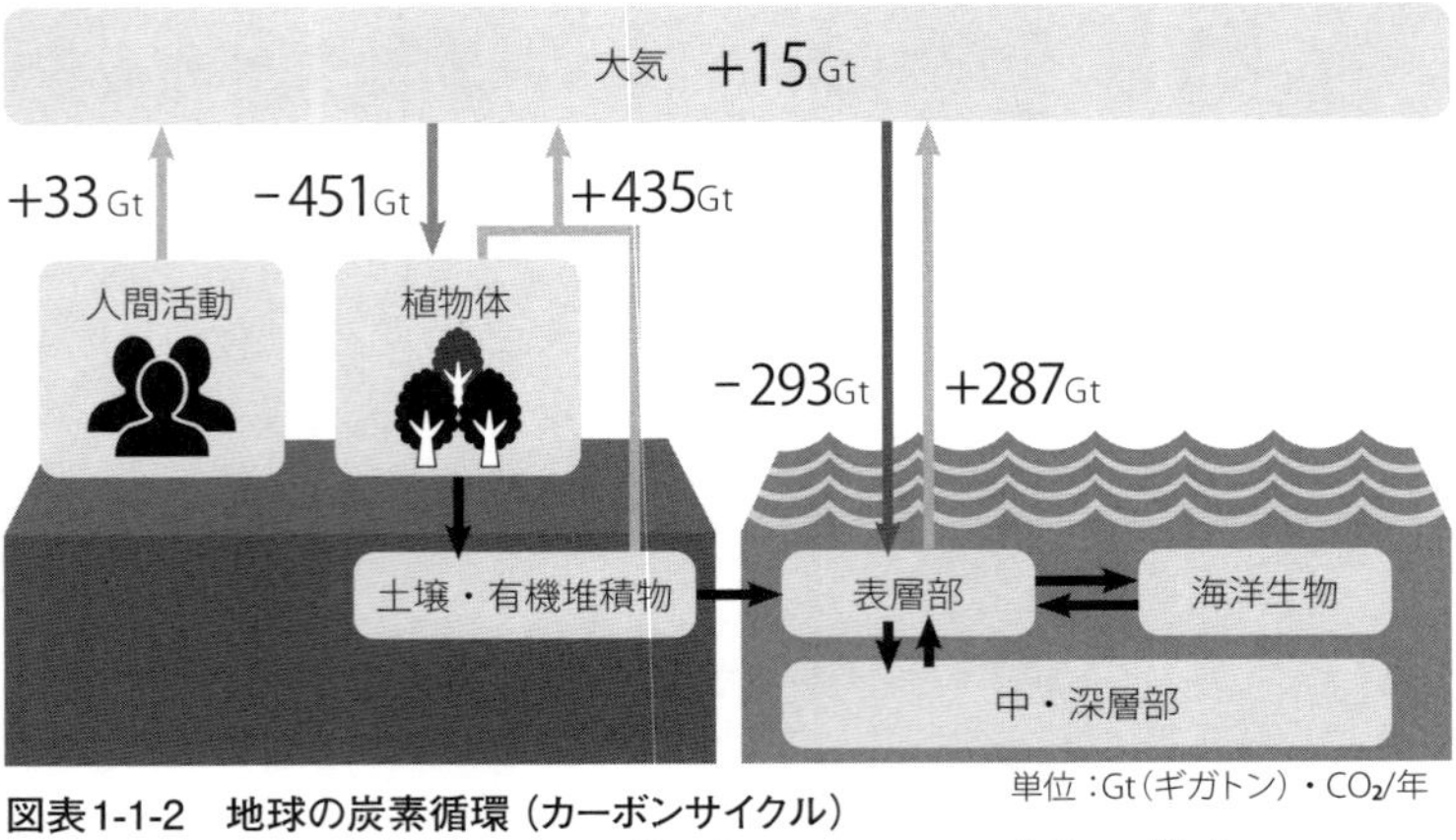

図表1-1-2　地球の炭素循環（カーボンサイクル）
出所：IPCC 第5次評価報告書（AR5）などを基にボストン コンサルティング グループ作成

排出される。その総量は、人為的に排出されるCO_2の10倍を上回る規模である。ただし、吸収量と排出量のバランスが取れ、前者が後者をやや上回ることで、差し引き「吸収源」として機能している（なお、この植物中に固定された炭素を「グリーンカーボン」と呼ぶ）。

海洋も、大気との間で常にCO_2をやりとりしている。海水のCO_2濃度が相対的に低ければCO_2は海面から溶け込み、高ければ放出される。さらに、海洋に溶け込んだCO_2の一部は、海藻などの海洋生物によって吸収される（これを「ブルーカーボン」と呼ぶ）。こちらも土壌・植物の場合と同様に、吸収量と排出量はほぼ同等であり、吸収がやや優勢である。

このように、植物・土壌や海洋は、「大量排出・大量吸収」の差し引きで大気中にはCO_2を実質排出せず、むしろ「吸収源」として機能している。一方で、人間活動だけが、排出にバランスが傾いている。人間活動に基づく排出の5～6割は土壌や海洋の自然吸収源に吸収されているが、それでも人間活動のアンバランスは吸収しきれず、人間活動に基づく排出の4～5割が大気中にとどまり、累積排出量となる。こうした構図があるために、カーボンニュートラルの議論は、様々なCO_2排出の中でも、「人為的」なそれに焦点を当てているのである。

人為的排出とは何か

人間活動によるCO_2排出フローは年々拡大している。2000年当時のCO_2は約30ギガトン（GHG合計40ギガトンの75％）であったが、2010年時点のCO_2は約37ギガトン（GHG合計49ギガトンの76％）で、10年間で約7ギガトン増加している（**図表1-1-3**）。

2010年のGHG合計49ギガトンの内訳を、排出源別に見てみよう。まず、発電・熱に伴う化石燃料利用が25％を占める（**図表1-1-4**の「Electricity and heat production」）。次に、もろもろのシーン

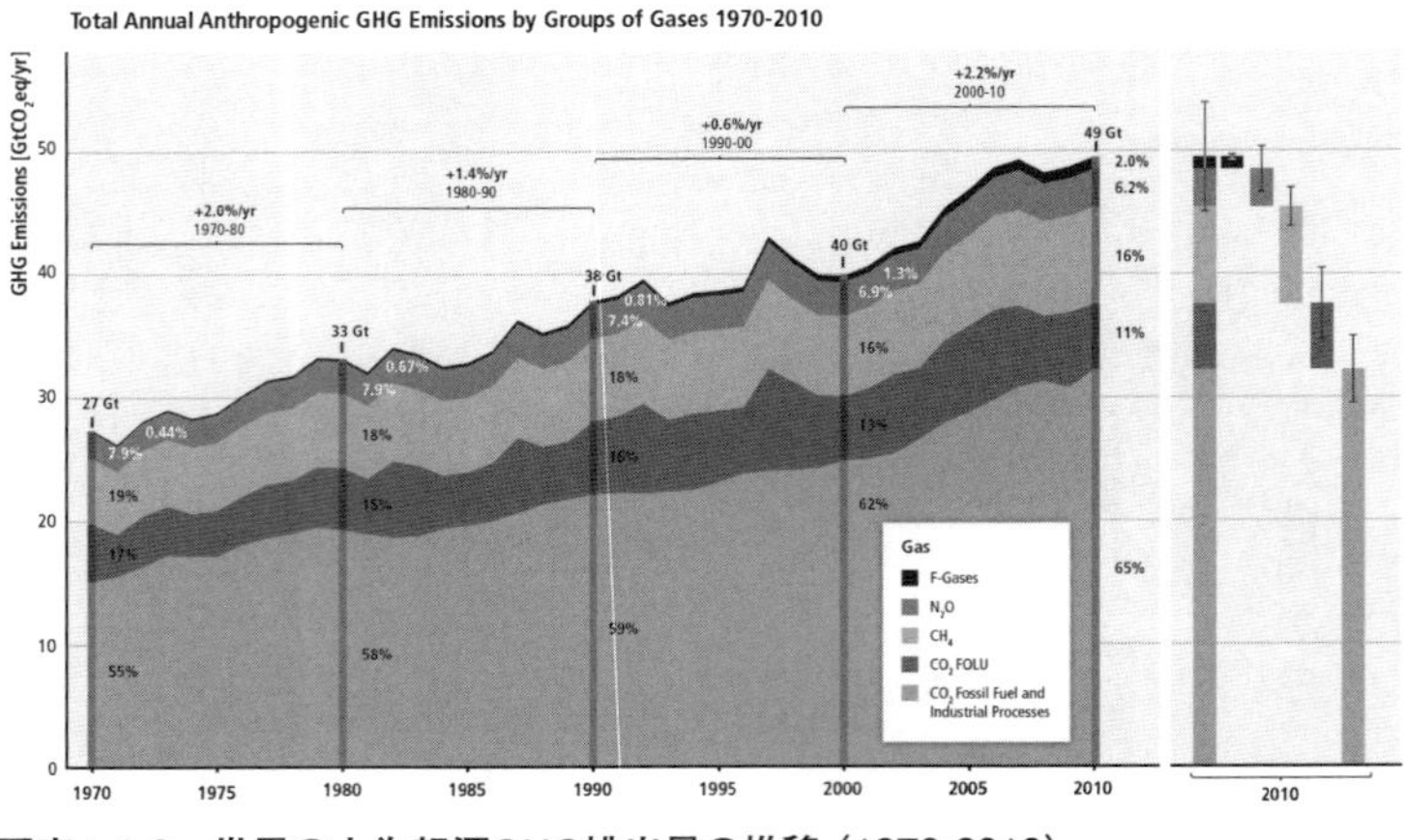

図表1-1-3　世界の人為起源GHG排出量の推移（1970-2010）
出所：IPCC 第5次評価報告書（AR5）

（産業（同「Industry」）、運輸（同「Transport」）、民生・業務（同「Buildings」）など）における化石燃料利用が約50％を構成。残り約25％が、農林業その他の土地利用（AFOLU）という構成になっている。

なお、発電・熱の25％分は、エネルギー消費先のセクターが間接排出したものと捉えることもできる。この考え方に基づき再配分すると、例えば産業は30％超（21％＋11％）、民生・業務は20％弱（6.4％＋12％）と、大きく比率が上がる点にも注意が必要だ。

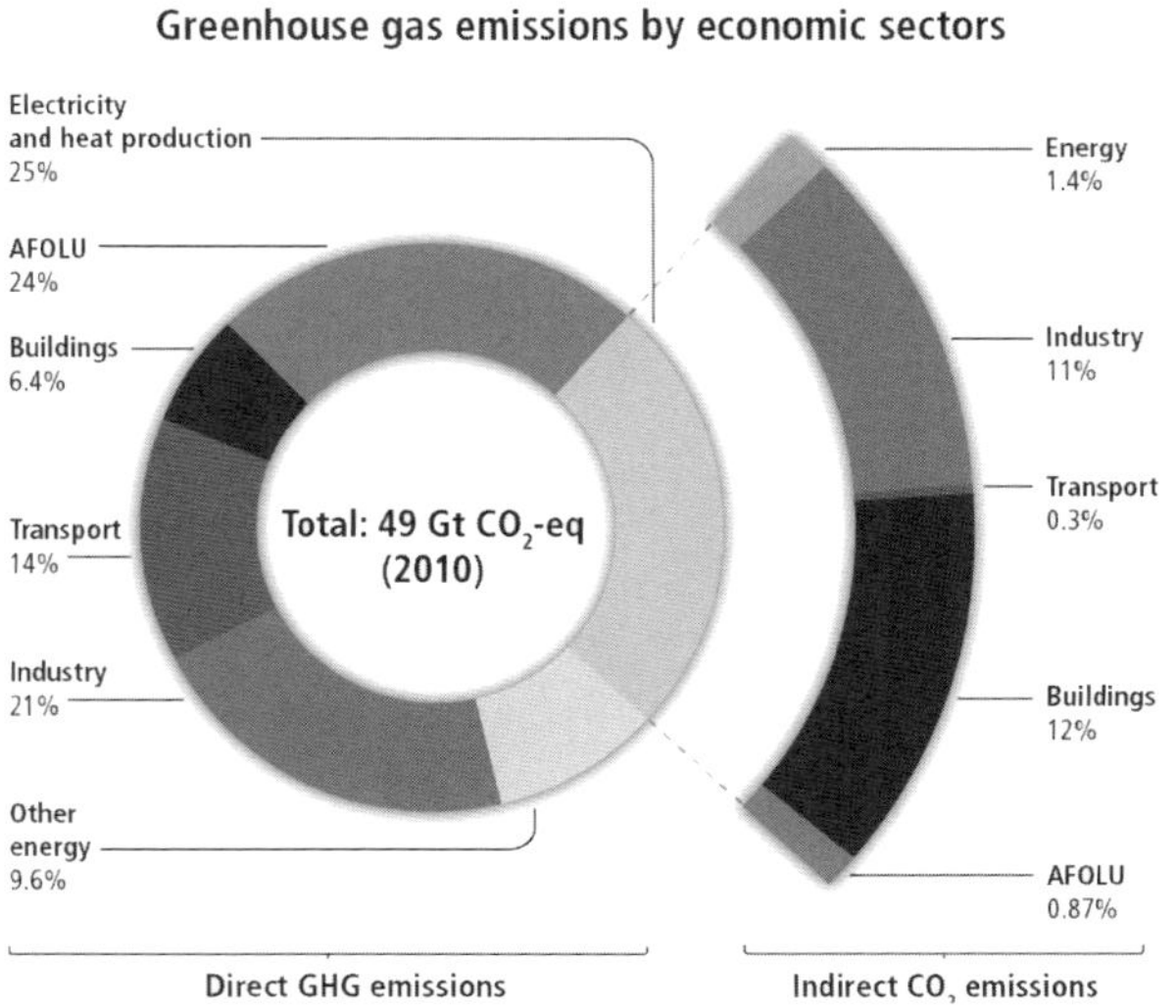

図表1-1-4　世界のGHG排出量（部門別、2010年）
出所：IPCC 第5次評価報告書（AR5）

ポイントは、いずれの捉え方であっても、全体の約75%を占めるセクターにおける多くの排出シーンで、何らかのかたちでの化石燃料利用と、それに伴うCO_2の排出が関わっていることである。このため、人為的な排出を巡る議論は、多くの場合、化石燃料の利用をどう取り扱うかという論点に帰着する。

ちなみに、農林業その他の土地利用の約25%を、意外に大きいと感じた方が多いのではないだろうか。このうち約半分は、森林減少(伐採した木が燃える・腐る、森林の焼き払い、伐採に伴う泥炭の乾燥・分解など)によるCO_2排出である。残り半分は、農業に伴うメタン(家畜のげっぷなど)やN_2O(肥料など)の排出である。

世界全体での「実質ゼロ」

私たちはこうした人為的なGHG排出を、「実質ゼロ」にしていかなければならない。求められることはシンプルで、「排出と回収・吸収の地球全体でのバランスを均衡させる」。これに尽きる。

特定の国や個別企業の「カーボンニュートラル」を考えた場合、回収・吸収しきれなかった排出量については、他者から排出削減の実績を譲り受け、相殺（オフセット）するという選択肢もある。しかしながら、世界全体の（つまり、「他者」がいない）カーボンニュートラルを考える場合には、相殺という概念はあり得ない。排出した分は、回収か吸収でカバーするしかない。

従って、地球全体でこれをバランスさせるのに人類が採り得る対策は、次に示す選択肢以外にない。

対策1　GHG（CO_2）の人為的な排出を減少させる
対策2　人為的に新たにGHG（CO_2）を回収・吸収し、長期にわたり固定させる（CCS、二酸化炭素貯留技術）
対策3　GHG（CO_2）の自然吸収を増加させ、長期にわたり固定させる（植林、海藻の養殖など）

なお、本当の意味で「ニュートラル」を目指すためには、CO_2以外のGHG排出についても前記の対策が必要なことは、言うまでもない。実際に、フロンガスやメタンの排出抑制のための議論・取り組みは、世界で活発に続けられている。

一方で、やはりGHGの中でも最大のボリュームを占めるCO_2、特に、化石燃料利用に基づくものが最優先で論じられることは、先に述べた通りである。このため、本書でも、GHGの中でもまずはCO_2、特に、産業、運輸、民生・業務のセクターにおける排出に焦点を当てて、議論を展開していきたい。

本書では、CO_2排出量削減の様々な手法について紹介していくが、大気中のCO_2を減らす方法は、究極的にはこの3つに集約されることを念頭においていただきたい。

1-2 なぜ今、カーボンニュートラルが必要とされているのか

さて、ではなぜ、このようなカーボンニュートラルな状態を、しかも早急に実現する必要性が叫ばれているのか。

「ＩＰＣＣ」（気候変動に関する政府間パネル）という組織がある。国連専門機関の下部組織であり、後述する気候変動枠組条約の科学調査を実質的に担当している。ＩＰＣＣが５～７年ごとに公表する「ＡＲ（Assessment Report：評価報告書）」や、それを補う不定期の「特別報告書」などは、「ＣＯＰ」（国連気候変動枠組条約締約国会議）をはじめとした政府間の交渉に大きな影響を与えてきた。

ＩＰＣＣは、ＡＲ５（２０１４年の第５次評価報告書）やＡＲ６（第６次評価報告書。２０２１年現在、作業部会が活動中）に向けた検討において、詳細なデータを駆使し、気

候変動対策、なかでもカーボンニュートラル達成の必要性について、様々な見解を述べている。その論旨を大まかにまとめれば、次の①～⑥に集約される（**図表1-2-1**。①～⑥は図と対応している）。

① 過去、気候が変動（気温が上昇）してきた
② 人為的なGHG排出が、過去の気候変動の原因となってきた
③ 人為的なGHG排出は、今後も、さらなる気候変動を引き起こすだろう
④ 過去の気候変動は、異常気象などを引き起こしてきた
⑤ 今後のさらなる気候変動は、一層深刻な異常気象などを引き起こすだろう
⑥ 深刻化した異常気象などは、私たちの経済・

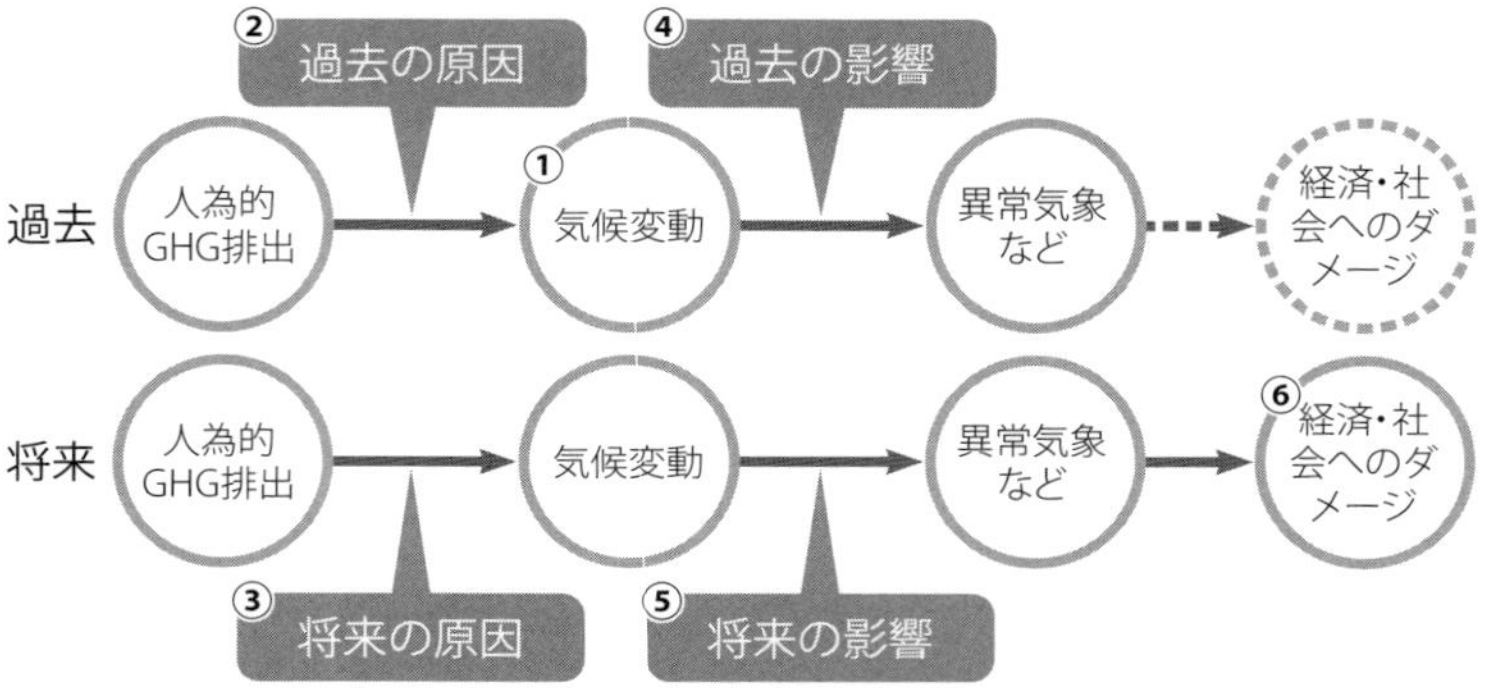

図表1-2-1　カーボンニュートラルの必要性を巡る議論の構造
出所：ボストン コンサルティング グループ

社会に多大なダメージを与えるだろう

本節では、これら6つのポイントについてIPCCの主張を概観し、「カーボンニュートラルはなぜ必要か」というロジックを追いかける。

①気候変動「過去、気候が変動（気温が上昇）してきた」のか？

ある経営者から、「どうすれば、気候変動が起きることを避けられるのか」と尋ねられたことがある。この質問に真摯に答えるとすれば、「避けられません」と申し上げるしかない。なぜなら、気候変動は既に起きているからだ。

AR6の記述によれば、2011〜2020年の地球の表面温度は、1850〜1900年に比べ、既に1.09℃（陸地で1.59℃、海面で0.88℃）上昇している。枠組条約の議論が始まった約30年前、平均気温の上昇基調は今ほど明確ではなかった。だが現在では、気温上昇は明確なデータに表れており、「①過去、気候が変動（気温が上昇）してきた」については、異論・反論が示されることは少ない。

②過去の原因「人為的なＧＨＧ排出が、過去の気候変動の原因となってきた」のか？

気温上昇自体は事実であるとしても、その変化を起こす外部要因（「強制力」と呼ばれる）には、理論上、人為的なＧＨＧ排出以外にも様々な候補が挙げられている。例えば、太陽活動、宇宙からの放射線、火山噴火なども、気温上昇の一因となる自然現象であり、「これらの自然現象こそが気温上昇の主要因だ」とする論者もいる。

しかし、ＩＰＣＣは、「②人為的なＧＨＧ排出が、過去の気候変動の原因となってきた」と主張する。ＡＲ６では、様々な要因候補を気候モデルに取り込み、（Ａ）自然起源要因（太陽活動など）のみに基づいた

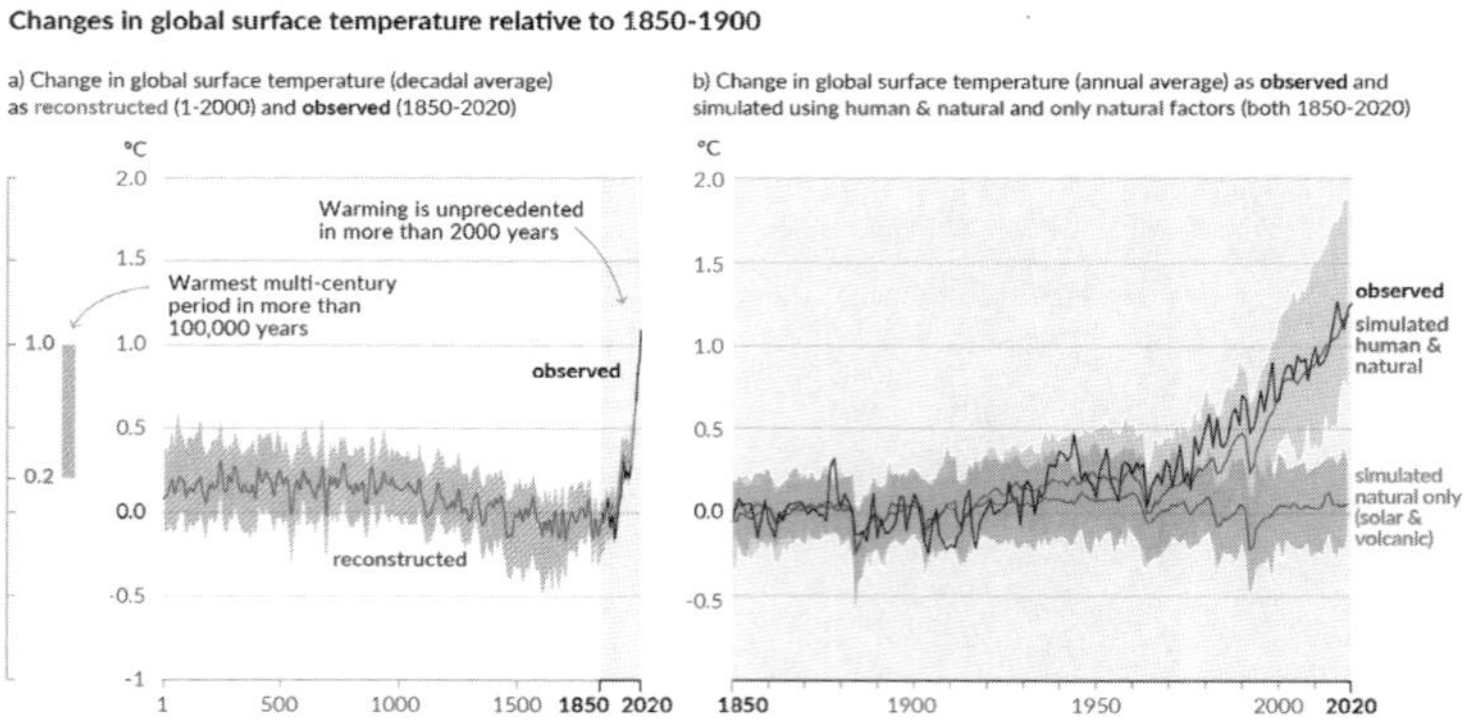

図表1-2-2　自然起源要因と人為起源要因の気候変動シミュレーション（1850～2020）

右グラフの「simulated natural only」が本文の（A）、「simulated human & natural」が本文（B）、「observed」が観測データである。出所：IPCC 第6次評価報告書 第1作業部会報告（AR6 WG1）

気温変化と、（B）人為起源要因を組み込んだ気温変化の2種類のシミュレーションを実施した（**図表1-2-2**）。過去の観測データと比べてみると、（A）のシミュレーション結果とは大きく乖離し、太陽活動などのみの影響では過去の気温上昇の説明がつかなかった。一方で、（B）のシミュレーション結果は過去の観測データとほぼ一致し、人為起源のCO$_2$排出が原因となっていることは「疑う余地がない」としている。

気候モデルによるシミュレーションには、恣意的なパラメーター調整が行われているなど、正確性と客観性に疑義があるという声もある。ただし、人為起源のGHG以外に、過去の気温上昇をきれいに説明できる他のシミュレーション結果があるわけではない。「疑う余地がない」とまで断言できるかは注意しつつも、人為起源のGHGが原因として最も疑わしい、と捉えておくべきであろう。

③将来の原因「人為的なGHG排出は、今後も、さらなる気候変動を引き起こす」のか？

IPCCは、人為的GHG排出と気候変動の過去の関係を将来にも引き延ばし、「人為的なGHG排出は、今後も、さらなる気候変動を引き起こすだろう」としている。

ＡＲ６から引用したグラフをご覧いただきたい（**図表1-2-3**）。過去のCO_2排出量を「累積」で横軸に取ると、気温上昇ときれいな比例関係が見て取れる。この関係が将来も続くとすると、将来の気温上昇を1.5℃、２℃など一定の範囲内でとどめるためには、どこかの段階で累積排出量を一定にする（すなわち、「フローとしてのCO_2排出量をゼロにする」）必要がある。これが、ＩＰＣＣが「カーボンニュートラルが必要」とする根拠になっている。

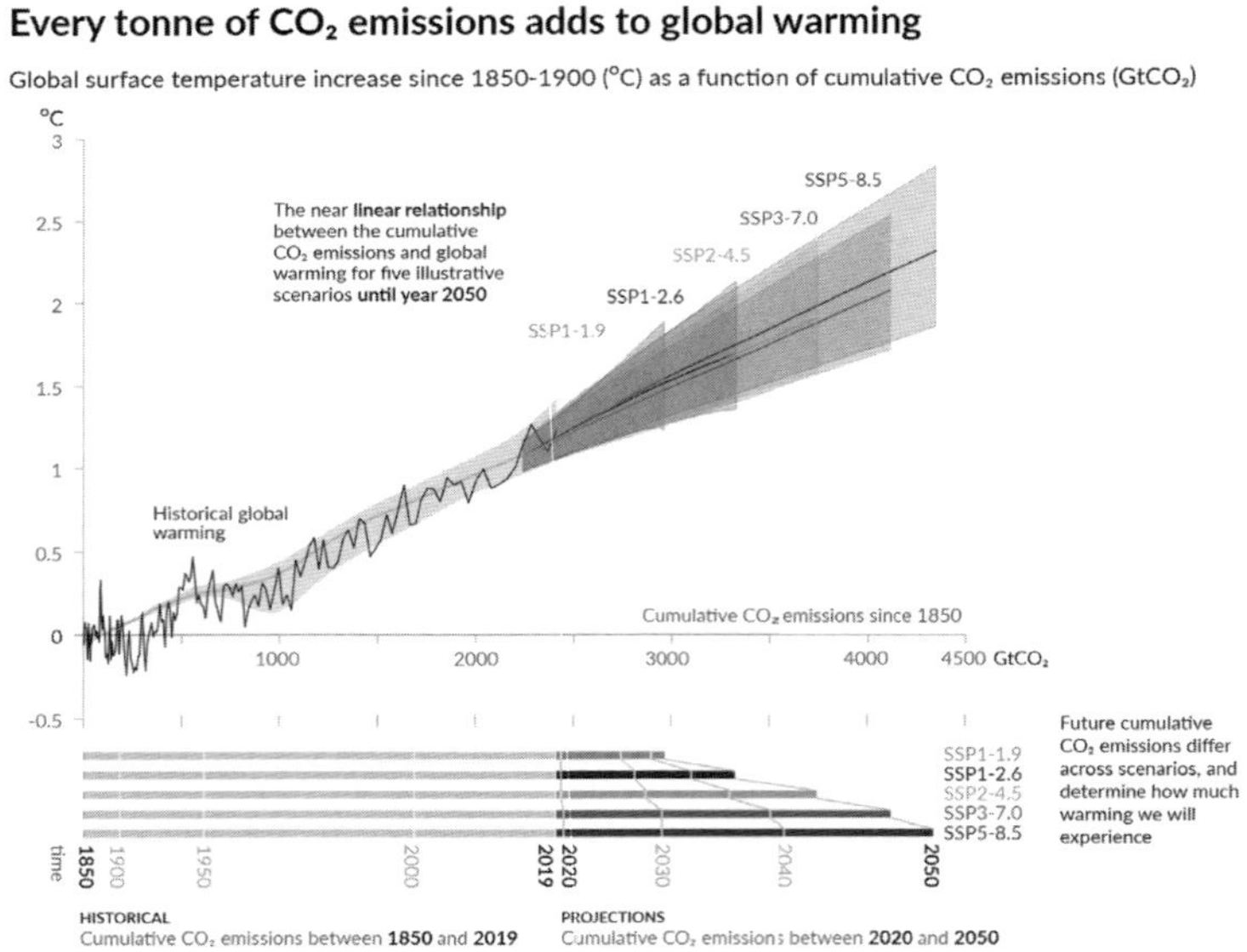

図表1-2-3　CO_2累積排出量と気温上昇
出所：IPCC 第6次評価報告書 第1作業部会報告（AR6 WG1）

この累積排出量の限界値のことを、「炭素予算（カーボンバジェット）」と呼ぶ。AR6では、気温の上昇を1.5℃に抑えるための残余カーボンバジェットを、400ギガトン（CO_2換算）と推計している。現在の世界の排出量は年間のフローで30〜40ギガトンあり、このペースで排出が続けば、今からおよそ10年で気温上昇が1.5℃に達する計算になる。

この炭素予算の考え方に対しては、CO_2による温室効果は濃度上昇に伴い伸びが鈍化するとして、直線的な引き延ばしを否定する見解もある。将来の予測であり、どちらが真実であるかこの場で判定することは難しいが、累積排出量に応じて一定の気温上昇が起こる以上、遅かれ早かれカーボンニュートラルは必要となる。

後は「いつまでに」という時間の問題である。ひとまずはIPCCの予測を理解の土台として、上昇ペースがこれより緩やかになる可能性もあると頭の片隅に置いておくのが、実務的な対応だと思われる。

④過去の影響「過去の気候変動は、異常気象などを引き起こしてきた」のか？

以上の説明で、人為的なGHG排出が過去と将来の気候変動の原因だと、一応は納得できたとしよう。しかし、気候変動が起こっていたとしても、仮にそれで誰も困っていなければ、極端な話、放っておいても構わないことになる。従って、カーボンニュートラルの必要性を論じるには、気候変動がどのような実害につながるのかについて把握しておく必要がある。

まず、気候変動が、異常気象をはじめとした現象の、「少なくとも一因になっている」ということは確実である。気候変動の影響は、大きく3つに分けて整理すると捉えやすい（**図表1-2-4**）。

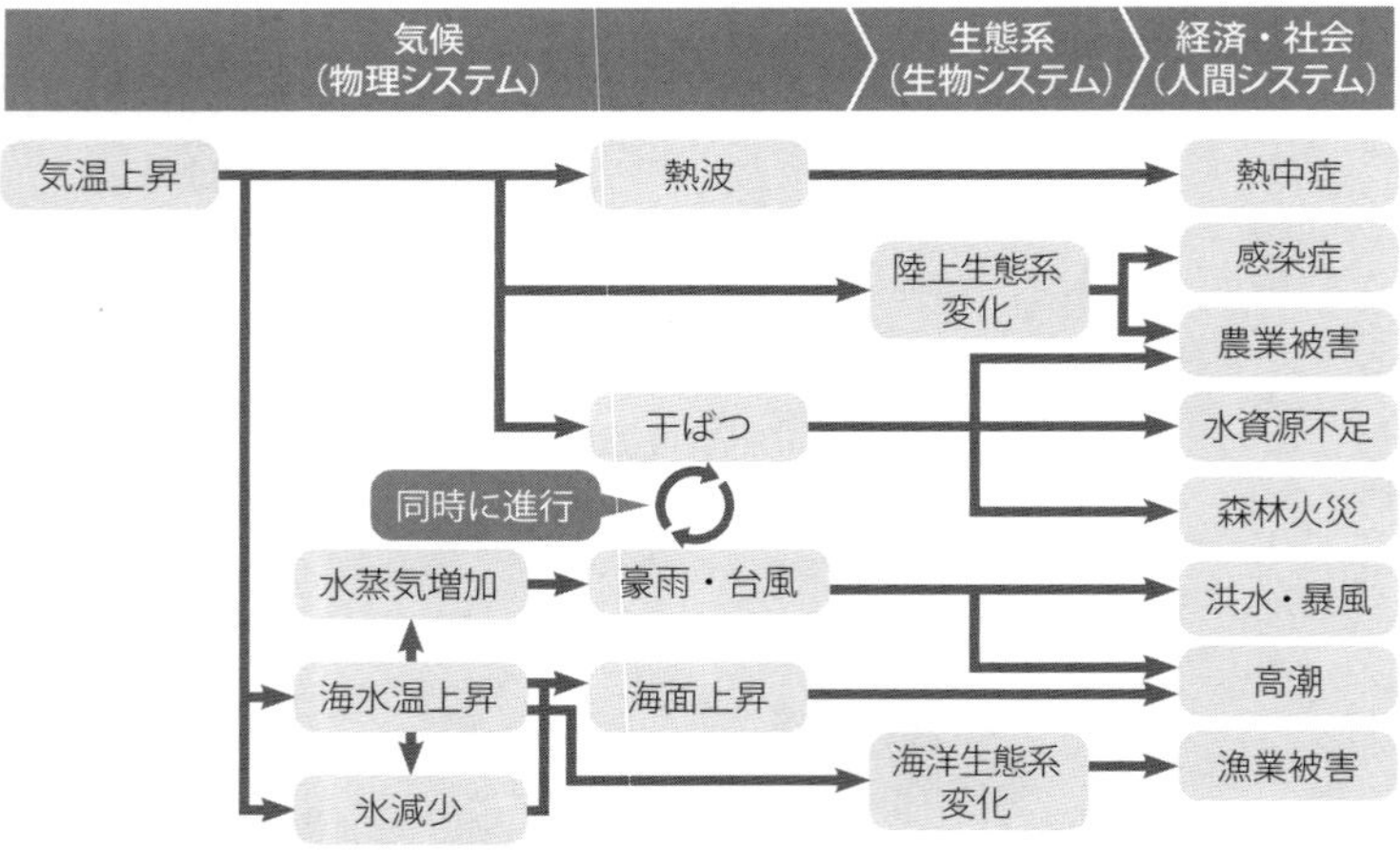

図表1-2-4　気候変動の影響（物理システム、生物システム、人間システム）
出所：ボストン コンサルティング グループ

１つ目は、「物理システム」と呼ばれる、気候の変化である。温暖化を議論している以上、当然ながら、平均気温は上昇し、猛暑・熱波が増える。それと同様もしくはそれ以上にインパクトがあるのが、気温上昇に伴う地球の「水」（氷・水・水蒸気）の変化である。海水面の温度上昇は、大気中の水蒸気量を増加させる。一方で、気温自体も上がるため、空気中により多くの水蒸気を蓄えることができるようになる。これにより、「大気が水蒸気を大量にため込み、一気に吐き出す」という現象が生じるようになり、弱い雨の頻度が減り干ばつが生じる一方で、豪雨・台風の頻度が上がるという、一見矛盾する状況が生じる（雪についても、全体の積雪が減る一方で、「ドカ雪」が増える）。また、暖められた海水の体積が膨張することと合わせて、陸上の氷（氷河、氷床）が溶けて海に流れ込むことで、海面水位の上昇をもたらす。

２つ目は、「生物システム」、すなわち生態系の変化である。気温と海水温が変化すれば、動植物の生息圏は当然ながら変化する。また、従来は熱帯にしか生息しなかった昆虫（蚊など）が、他地域でも増える。

３つ目は、物理システムや生物システムの変化が「人間システム」に及ぼすダメージである。熱中症の増加、豪雨や台風による被災はもちろんのこと、干ばつによる水不足、農業・漁業の不振、海面上昇による都市の機能不全など、経済・社会の様々な機能が破壊される。

気温の上昇により、これらの変化が一定程度もたらされるという因果関係は、科学的な事実である。ただし、気温上昇が「主因」となるかという寄与度の問題については、様々な解釈があり得る。

⑤将来の影響「今後のさらなる気候変動は、一層深刻な異常気象などを引き起こす」のか？

ＡＲ6は、この点についても、「今後の気温上昇の程度によって、異常気象などを通じた経済・社会への影響が大きく左右される」というスタンスを取っている。

ＡＲ6では、1℃、1.5℃、2℃、4℃などの気温上昇の程度別に、ダメージの深刻度を推計している。推計によると、10年に一度の極端な熱波については、1850〜1900年当時に比べ、既に発生率が2.8倍（温度は＋1.2℃）になっている。これが、1.5℃温暖化の場合は4.1倍（温度は＋1.9℃）にとどまるが、4℃になれば9.4倍（温度は＋5.1℃）になる（**図**

表1-2-5）。豪雨は、既に発生率が1.3倍になっているところ、1.5℃温暖化の場合は1.5倍、4℃温暖化の場合は2.7倍と発生率が跳ね上がる（**図表1-2-6**）。

⑥経済・社会へのダメージ「深刻化した異常気象などは、私たちの経済・社会に多大なダメージを与える」のか？

熱波、豪雨、海面上昇などがここまで深刻化すれば、経済・社会へのダ

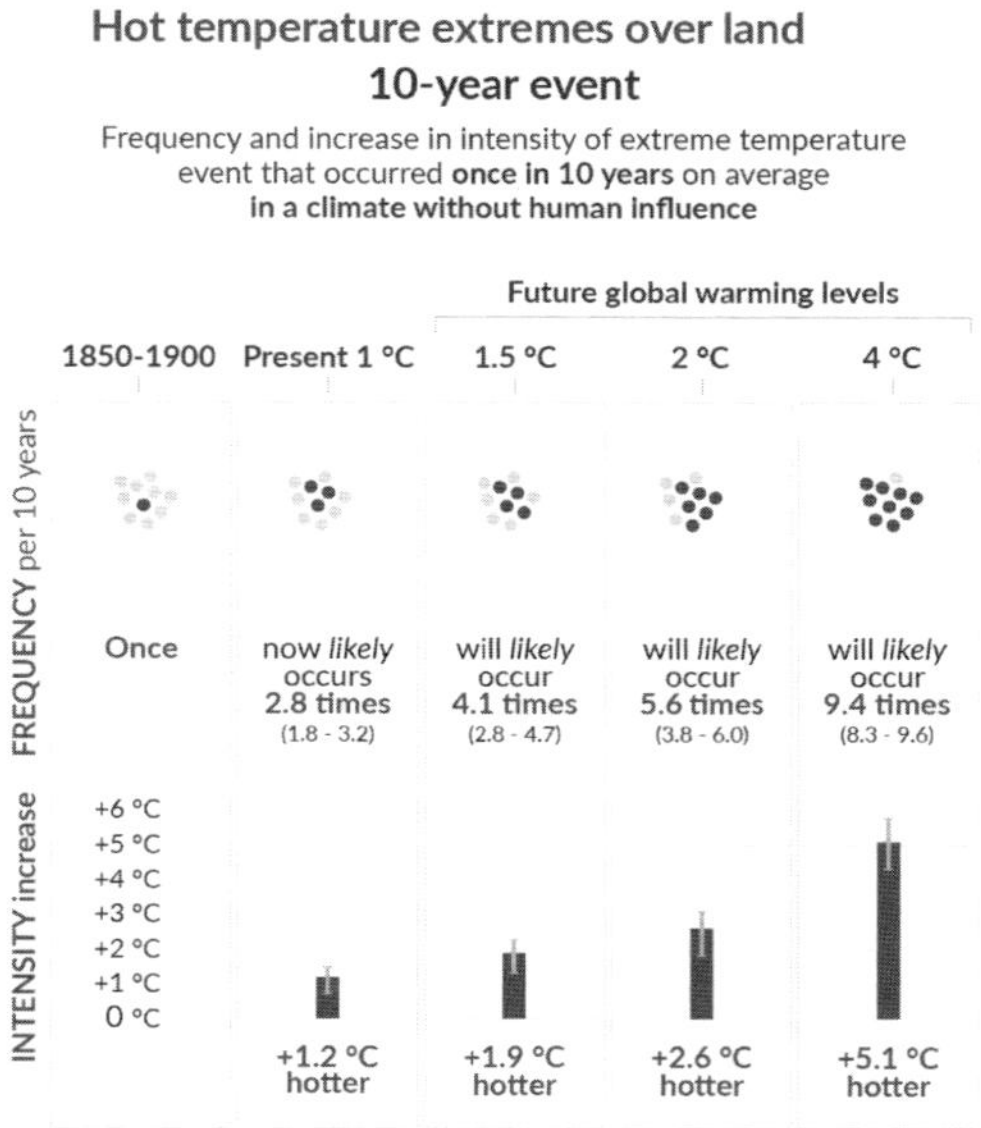

図表1-2-5　温暖化シナリオ別の異常気象の頻度・強度の変化（熱波）
出所：IPCC 第6次評価報告書 第1作業部会報告（AR6 WG1）

メージは計り知れない。

4℃の気温上昇が現実になれば、日本にも大きな影響が及ぶ。2000年と比べ、猛暑日は年間19日、熱帯夜は41日増加する。熱中症が増加するとともに、感染症を媒介する蚊の生息域が拡大して様々な感染症が流行する。降水量200㎜/日以上の豪雨が降る頻度は2.3倍に増加し、最大瞬間風速90mという家屋を倒壊させるレベルの台風が

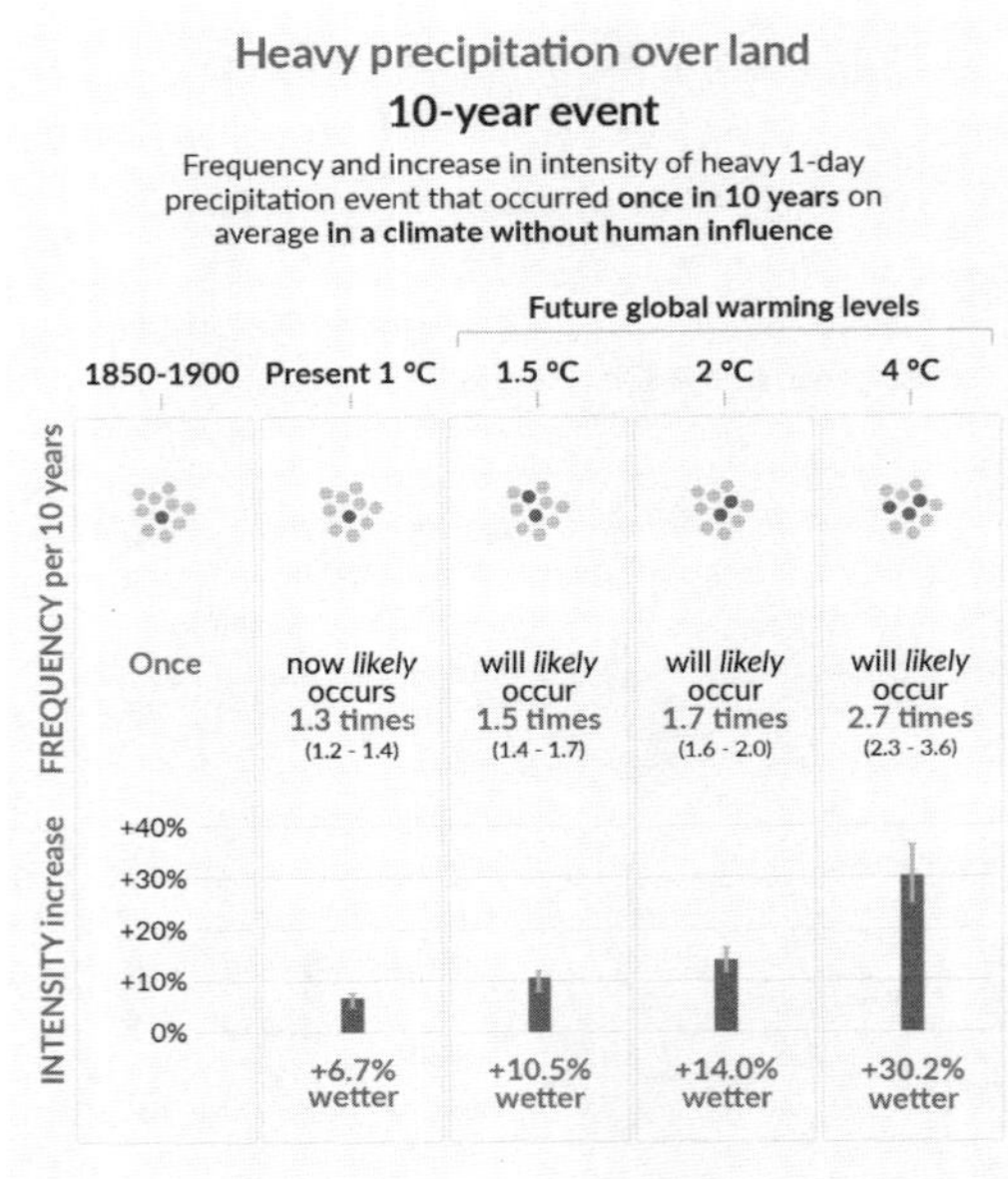

図表1-2-6　温暖化シナリオ別の異常気象の頻度・強度の変化（豪雨）
出所：IPCC 第6次評価報告書 第1作業部会報告（AR6 WG1）

上陸する。海面上昇で、日本の砂浜のおよそ9割は消失する（参照元：「地球温暖化予測情報 第9巻」（気象庁）と「２１００年 未来の天気予報」（環境省））。

経済・社会へのダメージは甚大である。例えば英国の調査会社、オックスフォード・エコノミクスの試算では、２１００年までに気温が３℃上昇すると、２１００年の世界のＧＤＰは、気温上昇がない場合に比べ21％も減少すると見込まれている。

人類最大のリスクヘッジとしてのカーボンニュートラル

以上のように、ＩＰＣＣは気候変動について過去の原因、将来の原因、過去の影響、将来の影響を論じ、これらの関係が確認されるが故に、人為的なＧＨＧ排出の抑制が不可欠だとしている。そして特に、炭素予算の考え方を踏まえれば、どこかの時点でカーボンニュートラルを実現することが必須であるとしている。

カーボンニュートラルが必要なタイミングは、「２０５０年」とするのが直近の主流である。ＡＲ６の残余カーボンバジェットの計算を正とすれば、世界は、あと10年前後で1.5℃の気温上昇を迎えてしまう。しかし、ＡＲ６はまた、２０５０年までに世界がカーボンニュートラルを達成し、その後カーボンネガティブ（CO_2排出量が差し引きでマイナス）に転じれば、気温上昇が一時1.5℃を突破しても、今世紀末には1.5℃以下に改善するという可能性も示している（**図表1-2-7**、**図表1-2-8**）。

以上のIPCCの論証には多くの異論・反論もあるが、現在、IPCCの論証以上に頼るべき体系的な分析はない。また、万一IPCCの主張するリスクが現実化した場合の世界への不可逆的なダメージは甚大で

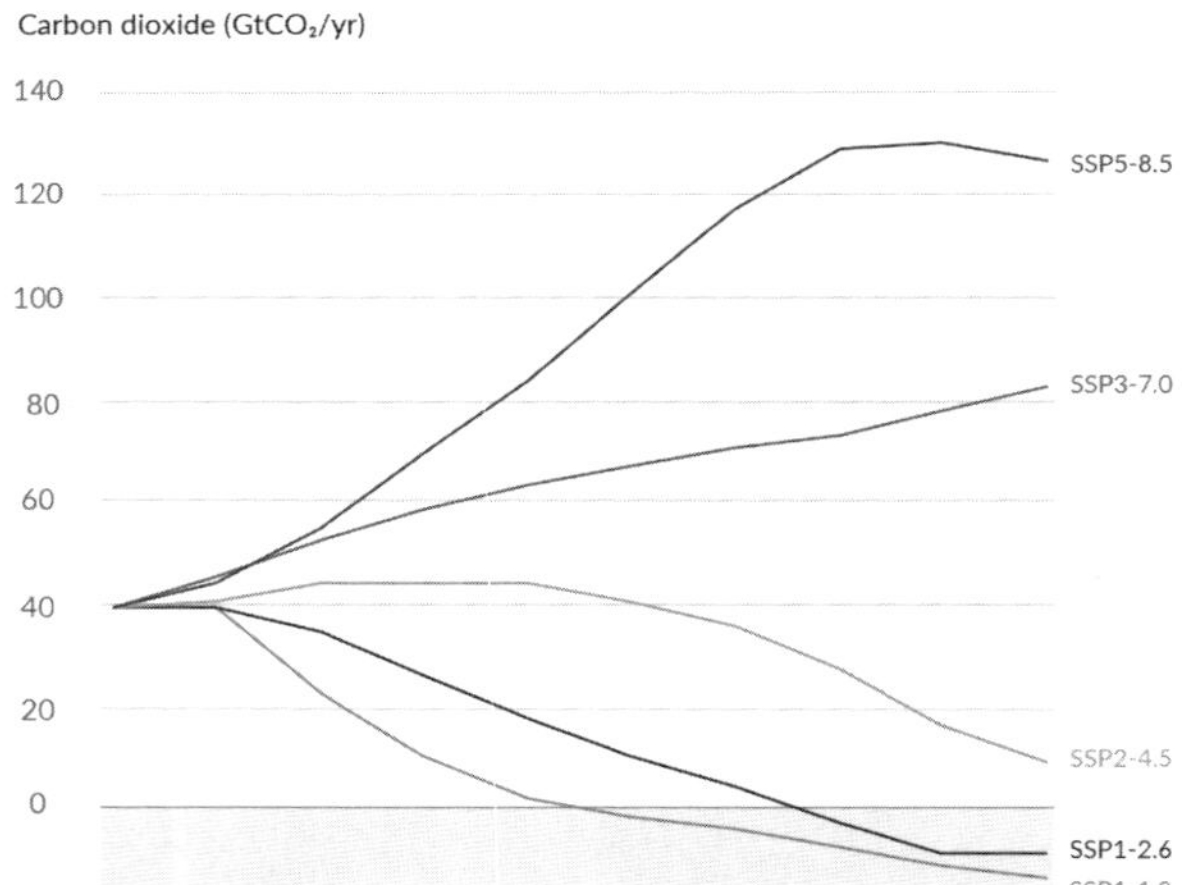

図表1-2-7　第6次評価報告書（AR6）における年間CO_2排出シナリオ

IPCCは、将来予測に当たり、2050年時点でCO_2排出が倍増するシナリオから、2050年周辺でカーボンネガティブに転じるシナリオまで、複数の想定を置いている。出所：IPCC 第6次評価報告書 第1作業部会報告（AR6 WG1）

ある。

「カーボンニュートラルの達成によりすべての問題が解決する」と、100％の証明を行うことは難しい。それでも、「人類最大のリスクヘッジとして、迅速なカーボンニュートラルへの移行を『必要』とする」というのが筆者らの見解である。読者の皆様は、どのように感じられるだろうか。

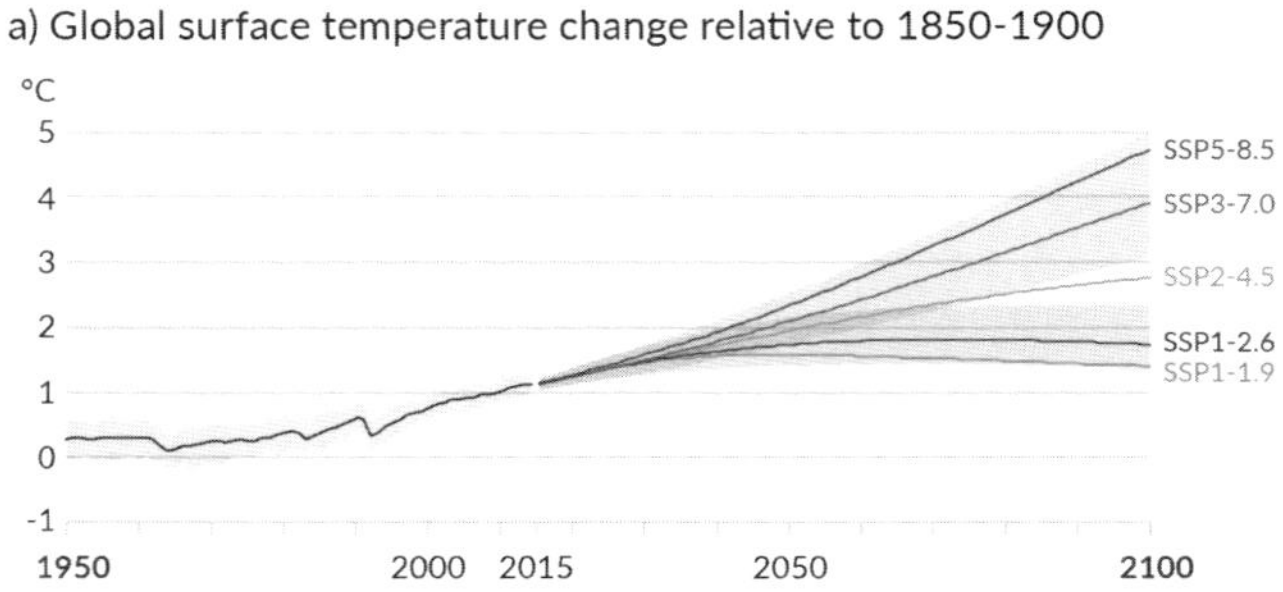

図表1-2-8　第6次評価報告書（AR6）における気温推移シナリオ

カーボンネガティブに転じるシナリオであれば、気温上昇が一時的に1.5℃を突破しても、その後改善傾向に転じ、今世紀末には1.5℃以下に戻る可能性がある（SSP1-1.9）。出所：IPCC 第6次評価報告書第1作業部会報告（AR6 WG1）

1-3 どのような枠組みで推進しているのか

ここまで、カーボンニュートラルの定義と求められる背景を概観してきた。カーボンニュートラルについて、国際社会で強く必要性が訴えられている点はご理解いただけたかと思う。一方で、報道などでご覧になる通り、世界各国の動きは必ずしも脱炭素一辺倒ではないことは事実である。このギャップを生み出している原因は、どこにあるのか。この点を考えるため、続けて、世界各国をカーボンニュートラルに向けて動かしている国際的な枠組みを把握しておこう。

2階建ての推進体制

気候変動対策は、30年以上にわたって議論が重ねられてきた古くて新しい課題である。今につながる世界の気候変動対策は、1992年、リオデジャネイロにおける「気候変動枠組条約（UNFCCC）」の採択とともに始まった。すべての国連加盟国が締結したこの条約が、今に至るまで気候変動に関する各国の議論を規定している。

この条約は「枠組条約」という名称の通り、あくまで議論の「枠組み」を設計したものであって、具体的な「中身」となる規制は定めていない。例えば、年次総会に当たる締約国会議（ＣＯＰ）を開催することは決められているが、各国の削減義務については何も書かれていない。いわば2階建て建物の「1階部分」であり、枠組条約の上で中身を決めるのは「議定書（Protocol）」や「協定（Agreement）」と呼ばれる追加の条約になる。

枠組条約の採択から5年後、１９９７年のＣＯＰ３で「京都議定書（Kyoto Protocol）」が採択された。京都議定書は、２０１２年をターゲットとして、「先進国全体で5％削減（１９９０年比）という具体的な数値目標を初めて導入した「2階部分」である。

その後、２０１５年のＣＯＰ21で、京都議定書の後継に当たる「パリ協定（Paris Agreement）」が採択された。こうして今、世界各国は、1階に当たる枠組条約と、2階に当たるパリ協定に基づいて様々な議論を進めている。

パリ協定の「理想と現実」

ＣＯＰやパリ協定については報道で見聞きすることも多いが、こうした報道に触れ、不思議に思われたことはないだろうか。政府間の条約は、一般に、締結国に共通した目標や義務を定め、その目標や義務に合意した国が参加して締結する。経営者の方であれば、企業間の契約をイメージしてほしい。例えば、日本が参加するか否かの議論を呼んだ核兵器禁止条約などは、そうした設計である。

だが、パリ協定の場合はやや様相が異なる。温暖化の目標は２℃か1.5℃未満ということで決まっているらしい。にもかかわらず、参加各国は一致団結しているわけではなく、各国がＧＨＧの削減目標をそれぞれの物差しで決め、「引き上げる／引き上げない」で交渉を続けている。契約を結んで握手をした後に条件交渉が始まっている、というようなもので、考えてみれば不思議な光景だ。

パリ協定は、一般的に理解される条約に比べ、より「理想主義的」な面と、より「現実主義的」な面が共存している。科学的・客観的であるとされる議論を土台に目標を定めつつ、その目標に至る道筋については、広く合意が達成されるよう、柔軟なアプローチを採用している（**図表1-3-1**）。

理想主義と現実主義の2つの特性は歴史的な積み重ねの結果としての知恵だが、同時に様々な疑問・疑念を生み、2つの構造的課題をつくり出している。

「理想主義」による構造的課題

パリ協定は、「世界の平均気温上昇を産業革命以前に比べ2℃より十分低く保ち、1.5℃に抑える」ことができる水準を目指している。そこで、遅くとも今世紀後半には達成する必要があるとされたのが、本書のテーマでもある「カーボンニュートラル」である。そして、こうした気候変動の議論には「科学的な裏付けがある」とされている。

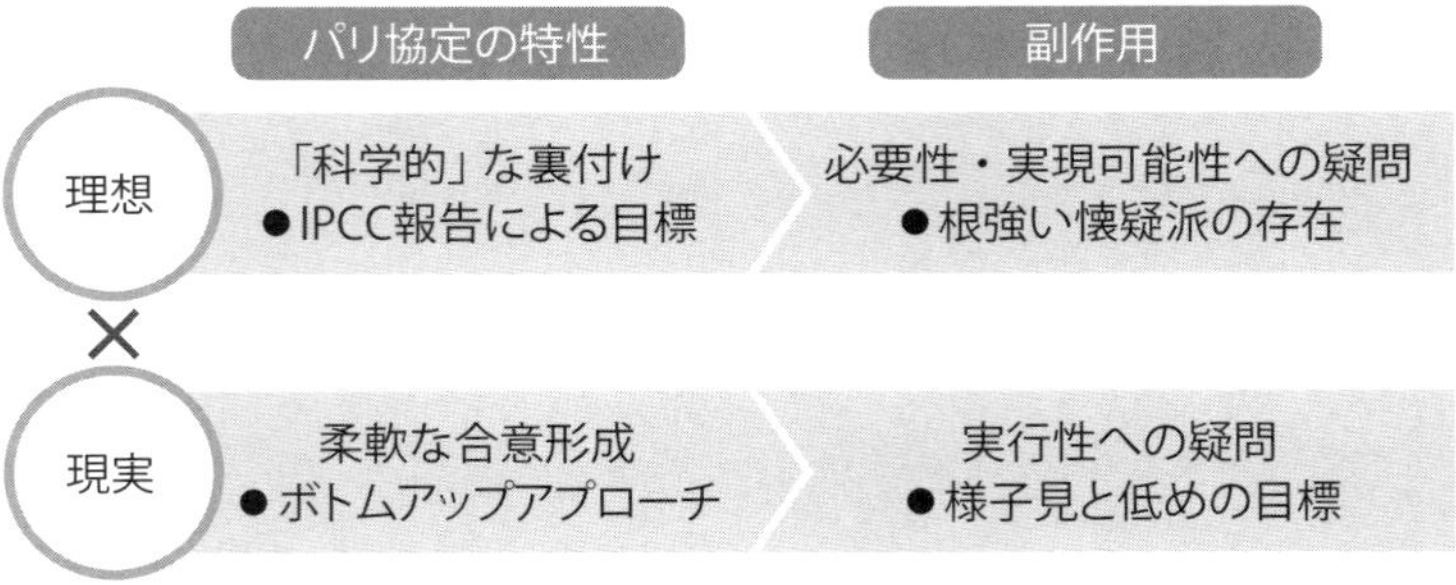

	パリ協定の特性	副作用
理想	「科学的」な裏付け ●IPCC報告による目標	必要性・実現可能性への疑問 ●根強い懐疑派の存在
×現実	柔軟な合意形成 ●ボトムアップアプローチ	実行性への疑問 ●様子見と低めの目標

図表1-3-1　パリ協定の「理想と現実」
出所：ボストン コンサルティング グループ

前節で述べたIPCCが、科学的裏付けの源泉である。例えば、2014年のAR5では、GHG濃度の推移について約900のシナリオをデータベース化して分析した。結果、世界が最も大胆に排出削減を進めた場合、GHG排出は2050年に40～70％削減（2010年比）、2100年にほぼゼロまたはマイナスとなり、2100年時点の気温上昇は「2℃」となると見立てた。これが、パリ協定の2℃目標の背景となっている。なお、排出削減を行わない場合、2100年時点の気温上昇は「4℃以上」に達するとされる。

AR5ではまた、2050年に70～95％の排出削減を行うことができれば、2100年時点の気温上昇は「1.5℃未満」となる可能性も示していた。この点について追加的に分析を行ったのが、2018年の「1.5℃特別報告書」である。この報告書では、気温上昇を1.5℃に抑えるには「2050年前後の排出実質ゼロ」が必要であると軌道修正し、パリ協定を上回る目標の必要性を訴えた。このメッセージが、「2℃ではなく1.5℃」を求めるSBT*（科学に基づく削減目標）イニシアチブの認定基準引き上げや投資家の働きかけを促し、各国・企業の「2050年カーボンニュートラル宣言」に大きな影響を与えている。

＊ Science Based Targets。パリ協定の水準に整合する、企業における温室効果ガス排出削減目標。企業や投資の温暖化対策を推進しているWWF（世界自然保護基金）やCDP（旧カーボン・ディスクロージャー・プロジェクト、グロー

バルな環境課題に取り組むNGO）、WRI（世界資源研究所）、UNGC（国連グローバル・コンパクト）によって共同運営されており、目標を設定する企業の認定を実施

いずれも膨大なデータを駆使し、世界の一流の科学者の知見の粋を集めた研究である。その意味で、この議論が「科学的」なものであることに疑いはない。国際政治上の駆け引きではなく、外部の科学者の提言に基づくという意味で「客観的」でもあるだろう。

だが同時に、だからこそ、パリ協定は根強い懐疑派も生んでいる。膨大なデータに基づいた検証や予測であっても、実際の環境で実験ができない分野である以上、その内容は最良の推定でしかない。IPCC報告書は、冒頭で「Virtually certain」「Very likely」などの確率を示す用語の定義から始まり、ほぼすべての見解に確率が併記されている。これが、その状況を端的に表している。

また、客観的な理論であるが故に、別の理論による反論を引き起こしている。通常の国際条約であれば、例えば「核兵器を包括禁止する」という目標が政治的に決まれば、その是非と各国の参加・不参加が真剣に議論されることはあっても、目標設定自体について「理屈が間違っている」とか「不正確である」などと批判されることはないだろう。

パリ協定は、「科学的」な議論に立脚するが故に、前節で論じた「カーボンニュートラルは本当に必要なのか」という問いや、「政治や経済を知らない科学者が、実現不可能なことを唱えているのではないか」という懐疑論を、逆に払拭できないでいる。これが、パリ協定の第1の構造的課題である。

「現実主義」による構造的課題

先に述べた通り、京都議定書は「先進国全体で5％削減」という具体的な数値目標が導入されたという意味で画期的だった。ただし、対象国は先進国のみであり、また、トップダウンで各国に削減目標を割り当てるアプローチを採っていた。その結果、反発した米国が離脱し、議定書の発効は2005年までずれ込んだ。枠組条約採択から足掛け10年以上、世界の気候変動対策は事実上止まっていたのである。

こうした紆余曲折を経て締結されたパリ協定は、京都議定書の反省を踏まえ、参加国の最大化を重視し、排出削減の目標・義務について非常に柔軟なアプローチを採用した。削減目標は「NDC（Nationally Determined Contribution：各国貢献量）」と呼ばれ、各国が自らの判断で決める。これが、パリ協定のボトムアップ方式である。

この結果、枠組条約の締結国はほぼすべてがパリ協定を批准し、先進国・途上国ともに数値目標を定めていくという体制が実現している。その意味では狙いは成功と言えるだろう（米国はトランプ政権で一時離脱したもののバイデン政権で復帰を表明した）。

だが同時に、このアプローチは、協定参加国が必ずしも大胆な削減を行うわけではない、というジレンマも生んでいる。２０２１年2月に枠組条約の事務局が発表した「ＮＤＣ統合報告書」によれば、1.5℃目標の達成に45％のＧＨＧ削減（２０３０年時点、２０１０年比）が必要なところ、２０２０年末までに提出された各国ＮＤＣは、すべてを合計してもわずか１％未満（同）にとどまっていた。

柔軟で、多くの国が参加できるアプローチを採用しているからこそ、各国は、「自国以外の国は、本当に大胆な削減に踏み出すのだろうか」という疑念が拭えない。これが、パリ協定の第２の構造的課題である。

科学的な根拠を重視するが故に、逆に、必要性や実現可能性について懐疑論を生む。柔軟なアプローチを採るが故に足並みが乱れ、結果として様子見と横並びが広がり実行性が弱まる。カーボンニュートラルの必要性と各国の動きのギャップは、ある意味でパリ協定の構造が必然的に生み出しているものと言えるだろう。

次節からは、こうした構造的課題が生んだ2つの問い、すなわち「カーボンニュートラルは世界全体で実現可能なのか」「各国はカーボンニュートラルを本当に推進するのか」という点について、筆者らの見解をお示しする。

1-4 カーボンニュートラルは世界全体で実現可能なのか

前節では、パリ協定が科学的な裏付けを重視するが故に、必要性や実現可能性への懐疑論を招いている背景を考察してきた。このうち、「必要性」については、IPCCの主張を中心に既に確認してきたところである。そこで、この節では、カーボンニュートラルの実現に向けて「どのようなアプローチがあり得るのか」「どのような取り組みが必要になるのか」に触れながら、「カーボンニュートラルを世界全体で実現することは本当に可能なのか」を考えてみたい。

カーボンニュートラルに至るアプローチ

世界全体のカーボンニュートラル実現に向けた対策は、究極的には3つ（人為排出の削減、人為回収・吸収の導入、自然吸収の増加）に集約されるという点は、「1-1 カーボンニュートラルとは何か」で論じた通りである。問題は、この3つの対策をどのようなアプローチで実現していくかにある。

この点についての議論は、近年活発になってきている。資本主義経済のあり方の根本を問うものから、従来の枠組みの中での努力を強調するものまで、考え方の幅は広いが、大きくは3つの方向性に整理できそうだ。それぞれの内容や実現性を概観し、本命候補を確認しておこう。

アプローチ①脱成長・低成長路線に経済運営を大きく転換する

先のIPCCの議論でも見たように、人為的なGHG排出とそれに伴う累積量増加は、産業革命以降に急激に加速した。従って、最もストレートな対策は、「脱成長」「低成長」路線に切り替えること、すなわち、資本主義のあり方を大きく転換することである。資本主義の限界が種々指摘される流れにも合うため、昨今この考え方への注目が集まっている。

代表的な論者の主張を見ていこう。チェコ初代大統領の経済アドバイザーを務めた経済学者トーマス・セドラチェクは、「資本主義は成長がマストではない」とし、成長することを当然として設計された「成長資本主義」を疑い、新たな資本主義を構築する必要性を訴えている*。

* トーマス・セドラチェク著、村井章子訳（2015）『善と悪の経済学』（東洋経済新報社）

また、京都大学こころの未来研究センターの広井良典教授は、「資本主義」と「市場経済」の概念を区別し、「資本主義＝市場経済＋拡大・成長志向」と定義。人口減少の加速を踏まえ、市場経済を基礎としつつも量的な拡大を必ずしも伴わない、「定常型社会」への移行を唱える*。

* 広井良典著（2019）『人口減少社会のデザイン』（東洋経済新報社）

大阪市立大学の斎藤幸平准教授は、資本主義と脱成長は定義上両立不可能であるとした上で、カーボンニュートラルの実現には、ローマ帝政時代のゲルマン共同体の分析からマルクスが構想した、「経済成長をしない循環型の定常型経済」、すなわち「脱成長コミュニズム」の実現が不可欠であると唱える*。そこでは、再生可能エネルギー（再エネ）発電設備などの「コモン」を、市民が分散型で共同管理する社会が構想されている。

* 斎藤幸平著（2020）『人新世の「資本論」』（集英社新書）

東西・新旧の論者が、それぞれやや異なるトーンで変革を唱え、場合によっては相互に批判も行っているが、「高成長・継続成長を前提とする経済のあり方の是正を迫る」点では一致している。カーボンニュートラルが必要になった根本原因に迫る選択肢であるため、有効性は高いが、実現に向けてはいくつかの課題がある。

まず、実現難度の高さ、時間軸の長さは大きな課題である。社会に根付いた現行の経済システムを抜本的に変革することは、非常にチャレンジングである。成長にブレーキをかけ、不便を甘受することへの理解と覚悟がなければ取り組みは進まないし、その機運の醸成には相応の時間がかかるだろう。カーボンニュートラルが必要とされる切迫感を考えた場合、実現までの時間の長さは、大きなボトルネックである。

さらに、経済成長を前提としないことで、新興国の切実な要請に応えられないことも問題だ。世界のカーボンニュートラルの実現に向けては新興国の協力も欠かせないが、「脱成長」「低成長」を旗印にしたアプローチは、これからの成長を期待する新興国には受け入れがたい。人道的な観点からも、世界中の人々を最低限度の生活ができる経済レベルに引き上げるまで経済成長は必要だ。成長をすべてに優先させる経済は確かに持続可能ではないが、同時に、成長をすべて否定する経済は、仮に一部の先進国に受け入れられても、新興国の抵抗は大きいだろう。

このような課題の大きさを鑑みると、この方向性は、傾聴に値する選択肢であり、昨今注目も集めているが、求められる時間軸でのカーボンニュートラルの実現という観点からは、有効な打ち手とは言えなさそうだ。

アプローチ②革命的な技術革新を期待する

もう一つのアプローチは、単体ソリューションでカーボンニュートラルを実現できるような、革命的で真にゲームチェンジングな技術の開発と社会実装である。

人為的排出の削減については、膨大なクリーンエネルギーを生み出す革新的な技術も研究されている。例えば、太陽と同じ仕組みでエネルギーを生み出す核融合発電や、静止軌道で太陽光を集める「宇宙太陽光発電システム（ＳＳＰＳ）」は、各国・地域の自然環境に左右されず大量の再生可能エネルギーを生み出す可能性を秘めている。また、数百キロメートルの範囲を超えた遠隔地へ効率的に電力を伝送する「超電導直流伝送」のような技術で、再エネが豊富な国・地域とそうでない国・地域を地球規模で平準化することも考えられる。

人為的な回収・吸収については、大気中の累積CO_2を減らす「ネガティブエミッション技術（NET）」が挙げられる。例えば、大気中のCO_2を直接回収して固定する「DAC（Direct Air Capture）」は、CCS（Carbon Capture and Storage、二酸化炭素貯留技術）と組み合わせることで、過去に排出され大気中にたまったCO_2までを回収・貯留し、累積CO_2を減らすというもので、ゲームチェンジングなソリューションになり得る。

さらには、カーボンニュートラルそのものを不要にし、抜本的なゲームチェンジを実現できる可能性もゼロではない。代表例は、地球の気候そのもののコントロールを目指す「ジオエンジニアリング」である。太陽光を反射する微粒子を成層圏へ航空機で散布する「SAI（Stratospheric Aerosol Injection）」は、火山噴火の際に火山灰で気温が下がるのと同様のメカニズムで、対象エリアの気温そのものを下げる技術だ。CO_2濃度と気温の相関関係を切り離すことができるため、極論すれば、CO_2の排出量・累積量は気にしなくてよいということになる。実施に要するコストも相対的に低く、多くの研究者がカーボンニュートラルに代わる「プランB」として検討を進めている。

いずれも、広く活用できるようになれば、現在の経済活動を大きく変えることなく、気候変動を回避できる夢の技術である。しかしながら、これらの夢の技術が私たちに求められている時間軸で実現するのかは、不確かだ。

また、たとえ技術面の課題が乗り越えられても、利用に向けての課題は残る。例えば、DACは実用化をうたうスタートアップが登場する段階にあるが、大規模なCCSの貯留先をどう確保するかといった経済的・社会的な課題が残る。SAIについては、気候に思わぬ副作用が生じる不確実性がある点、一度着手すると無限に続けなければならない（止めると一気に気候変動が起きる）点、各国が自己利益を優先してSAIを実施することで利益が相反し地政学的な緊張を引き起こす可能性など、様々なリスクが挙げられている。

よって、この方向性にも期待はしたいが、ここだけに命運をかけ、他の努力をしないことは、現実的な選択肢とは言えそうもない。

アプローチ③現状の枠組み内でのあらゆる努力をしていく

第3のアプローチは、現在の経済成長路線を維持しながら、カーボンニュートラルに寄与する技術革新を加速しつつ、排出削減に向けてあらゆる方策を講じていく道である。これは一般的に議論されている、最もオーソドックスなカーボンニュートラルへの取り組みになる。資本主義の根本の見直しではなく、現状の延長線上にはあるが、これまでとは桁違いの努力を前提とするため、ある意味、新しい資本主義の姿の模索と言える。

例えば、活動量当たりのCO_2排出を抑えるため、あらゆる産業において最大限の努力で効率化や代替技術への移行を進める必要がある。第3のアプローチでは、実現が不確かな夢の技術ではなく、実現にめどがついている技術を活用して着実に歩を進めることになる。特に、既に見た通り、人為的なGHG排出の約75％に化石燃料が関わっているという事実を考えれば、化石燃料利用にどのような技術で対応するかを見極め、そのためのロードマップを描くことが決定的に重要になる。

化石燃料利用への対応は、マクロな視点では「4つのシーン」×「4つの方向性」で捉えることができる。第3のアプローチでは、このマトリクスの枠組みの中で、各シーンにおける化石燃料の提供サイド・需要サイドに属するそれぞれの業界・企業が、技術的・費用的な観点を絡めつつ、最適な方向性を模索していくことが不可欠になる。

［4つのシーン］化石燃料によるGHG排出は、排出源セクターの分類に対応した次の4シーンが中心となっている。

（1）発電：火力発電所における燃焼

（2）産業：各種生産プロセスにおける利用（例：製鉄用コークス）

（3）運輸：内燃機関モビリティーの燃料（例：自動車用ガソリン）

（4）民生・業務：ガスの燃焼（例：都市ガス）

［4つの方向性］4シーンそれぞれで、大きく次に示す4つの方向性が考えられる（**図表1-4-1**）。技術的な現実性やコストの見通しはシーンごとに異なるため、最適な方向性や、実現までの時間軸を含めたロードマップのあ

	(1) 再生可能エネルギーによる代替	(2)「カーボンフリー物質」による代替	(3)「カーボンニュートラル物質」による代替	(4) 化石燃料＋CCS
発電	太陽光発電 風力発電 水力発電	水素火力発電 アンモニア火力発電	バイオマス発電	火力発電＋CCS
産業	—	水素還元製鉄	—	コークス還元製鉄＋CCS
運輸	EV（電気自動車）	FCV（燃料電池自動車）	バイオ燃料 e-fuel	—
民生・業務	ZEB・ZEH	家庭用燃料電池	メタネーション カーボンニュートラルLNG	—

ZEB=ネットゼロエネルギービル、ZEH=ネットゼロエネルギーハウス

図表1-4-1　化石燃料利用への対応方向性と事例

出所：ボストン コンサルティング グループ

り方は、シーンごとに個別に模索する必要がある。

（1）再生可能エネルギーによる代替：エネルギー源を、再生可能エネルギーへ置き換える。発電セクターでは、再エネ発電を導入。産業、運輸、民生・業務セクターでは、「電化」が必要となる。

（2）「カーボンフリー物質」による代替：CO_2を排出しない、新たな燃料・素材などに置き換える。各セクターで、水素やアンモニアへの置き換えが代表的な選択肢。

（3）「カーボンニュートラル物質」による代替：燃焼によりCO_2自体は排出されるが、「差し引きゼロ」と解釈できる燃料・素材などに置き換える。どこまでの差し引きを認めるかにより範囲は変わるが、バイオ燃料や、グリーン水素と回収CO_2を用いた合成燃料の一部（e-fuel、メタネーションなど）、クレジット相殺を組み合わせた燃料（カーボンニュートラルLNGなど）がこれに該当し得る。

（4）化石燃料＋CCS：化石燃料の利用は続けるが、CCS技術により回収・貯留することで、大気中への放出を防ぐ。上述の、カーボンニュートラル燃料への代替と組み合わせることも可能。

また、これとも関連するが、資源やエネルギーは容易に入手できるという前提に立った、従来型の大量生産大量消費のパラダイムから本格的に離脱する必要がある。昨今、消費者の間ではサステナビリティへの関心が高まっているが、企業もそれを捉えつつ、資源は有限であり、貴重であることを一層意識して活動することが重要になる。

加えて、分散型の地域経済システムの発想も、新しい考え方として従来型の経済システムに組み込んでいくべきものだろう。日本では環境省が「地域循環共生圏」の概念を唱えているが、こうした新発想の経済システムの重要性をいち早く察知する企業にとっては、新しい商機にもなり得る。

このアプローチは「現状の枠組み内での努力」ではあるが、「現状維持」とは程遠く、決意を持って進むべき険しい道といえる。しかしながら、前述の2つのアプローチに大きな課題がある中では、やはり、これが唯一の現実的な選択肢であろう。

カーボンニュートラルを実現する条件

アプローチ③を選択するとして、その中でどのような取り組みをすれば、カーボンニュートラルを実現できるのであろうか。

広く議論されていることを総括すると、3つの条件（「A　各国政府のコミットメントと継続的な政策展開」「B　企業・消費者の抜本的な意識、行動変容」「C　技術の継続的な革新」）を達成し、様々なステークホルダーのベクトルをうまくそろえて正のスパイラルを実現すれば、カーボンニュートラルを達成し得る（**図表1-4-2**）。以降、3つの条件の詳細を確認しよう。

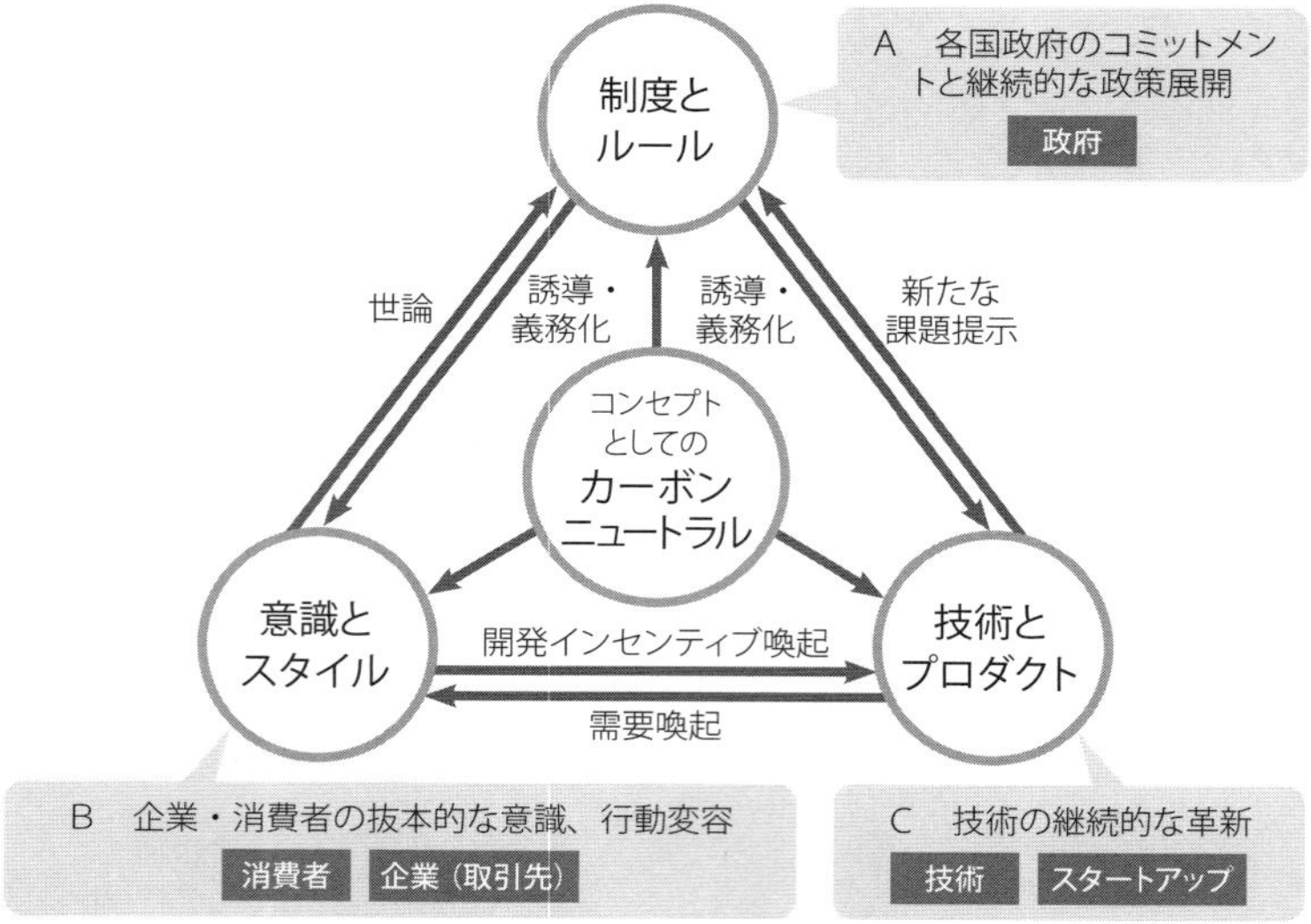

図表1-4-2　カーボンニュートラル実現に向けての3条件
出所：ボストン コンサルティング グループ

A　各国政府のコミットメントと継続的な政策展開

カーボンニュートラルへの取り組みは、多くの場合、国の政策が起点となる。パリ協定の仕組みで見たように、具体的なゴールを定めるのは各国政府であり、そのゴールをルールに落とし込むのも政府である。よって、政府のコミットメントと継続的な政策展開は、カーボンニュートラル実現に向けての肝になってくる。**図表1-4-3**に示すように、政府の役割は大きい。

世論や技術革新に伴う新たな課題の提示が政策を動かすことも確かにあるが、それ以上に、国の規制、支援策、税制などが、消費者や企業の行動変容を促し、予算措置が技術開発を促すといった「政策起点」のトリガーが先行するだろう。

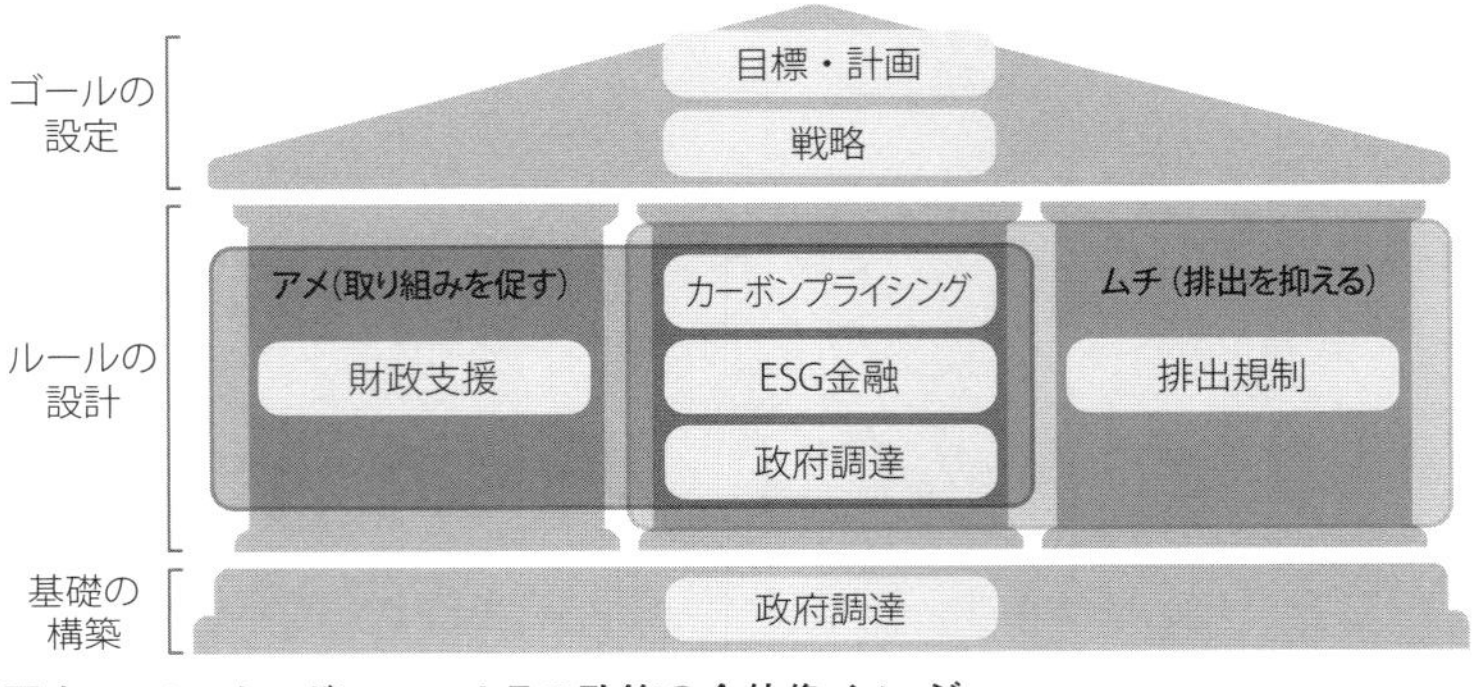

図表1-4-3　カーボンニュートラル政策の全体像イメージ
出所：ボストン コンサルティング グループ

B　企業・消費者の抜本的な意識、行動変容

単純化して言えば、CO_2の大部分を排出しているのは個々の消費者や企業である。その個々の消費者や企業がカーボンニュートラルを我が事として意識し、行動を大きく変え、排出削減に向けて日々努力していく流れをつくれれば、最も有効な取り組みになる。一部の企業や消費者は、政府や金融による誘導・義務づけを待たずしてカーボンニュートラルへと動き出しているが、大抵は、政府がリードする制度やルールが行動変容のきっかけになるだろう。

C　技術の継続的な革新

ここまで、経済の規模を維持・拡大しながら排出を抑えるためには、エネルギー需要サイドで消費量を減らし、エネルギー供給サイドで再生可能エネルギーやグリーン水素などを活用して低炭素・脱炭素エネルギー構造へ転換することが必要となると確認してきた。これらは、現存の技術の徹底的な利用で対応できる部分もあるが、カーボンニュートラルは非常にチャレンジングな目標であるためそれだけでは足りず、関連技術の加速度的な進化が求められる。

特にエネルギー構造の転換では、電力業界のみならず、化石燃料を消費する製造プロセス（産業）、ガソリンエンジン（運輸）、冷暖房や給湯（民生・業務）といった各領域において、再エネによる電化またはグリーン水素などで代替していくこととなる。技術的な実現性にめどが付きつつある技術であったとしても、社会実装に向けたコスト低減などを達成するためにはさらに踏み込んだ技術革新が必要だ。

ここまで概観してきた3つの条件はどれも不可欠であり、相互に影響を与え合うものである。なかでも「A　各国政府のコミットメントと継続的な政策展開」は他の条件への影響が大きく、カーボンニュートラルの流れの起点でもあるため、最も重要な条件といえる。

従って、「カーボンニュートラルは世界全体で実現可能なのか」という問いへの答えは、「条件が整えば可能であるが、条件が整うかどうかは、各国政府がカーボンニュートラルを本気で推進するかどうかにかかっている」となる。一方で、パリ協定の構造上、各国の足並みがそろいづらく、様子見や横並びが広がるリスクもあるという点は、先に指摘した通りである。そこで、次節では、各国の動向を確認してみよう。

1-5 各国はカーボンニュートラルを本当に推進するのか

前節で考察したように、カーボンニュートラルの実現に向けては、各国政府がカーボンニュートラルにしっかりとコミットし、必要な政策を実行していくことが重要な条件になる。実際、各国は本当にカーボンニュートラルに向けての取り組みを推進していくのだろうか。

現状、各国政府の姿勢は、総論レベルでは前向きで、既に120以上の国・地域が2050年までにカーボンニュートラルを達成するという目標に賛同している。これだけを見ると、各国はきちんと取り組みにコミットし、協働して人類の課題に対峙しているように見え、楽観的になれる。

一方で、短期、すなわち2030年を見据えた具体策では、各国の動きに相当なばらつきが見られる。1.5℃目標の達成に世界で45％のＧＨＧ削減（２０３０年時点、２０１０年比）が必要なところ、２０２０年末までに提出された各国ＮＤＣの合計は、わずか１％未満にとどまっている。これを見ると、本当に努力しようとしているのかが怪しく思えてしまう。このギャップは、どこから来るのだろうか。各国は本気なのか、様子見をしているのか。

カーボンニュートラルに向けてかじを切るための９つの前提条件

「地球レベルの課題解決のために各国が協力してカーボンニュートラルを目指す」という目標に対して、真っ向から異を唱える国は限られているが、カーボンニュートラルに取り組むことのメリットとデメリット、チャレンジの大きさや難度などは、国や地域によって様々である。よって、総論として前向きな姿勢を示す国々の間でも、実際にどの程度前向きになれるかは必然的にばらつきが出てしまう。

各国の積極度合いには、「カーボンニュートラルに向けてかじを切るための前提条件をどれくらい充足しているか」が大きく影響する。前提条件がそろっていれば積極姿勢をとれるし、前提条件の充足度が低いと、積極的に対応するのは困難になる。

そこで、各国の姿勢を推察するために、カーボンニュートラルに向けてかじを切るための前提条件を、「政治体制」「マクロ経済」「エネルギー構造」「産業構造」の4つの側面から確認してみたい。まずは前提条件を整理し、その上で各国の条件充足度を見ていこう。

前提条件①政治体制 ─ 国民の支持

国民からカーボンニュートラル投資への理解・支持が得られやすい（または、得る必要がない）かどうか。

- カーボンニュートラルの実現に向けて求められる巨額投資は、増税や市場におけるプレミアム価格として企業や消費者が負担する必要がある。従って、国民・消費者からの理解と支持はあらゆるアクションの土台となる。
- 自らが気候変動の影響を直接的に受けている国では国民の危機感も高く、支持が得られやすい。また、歴史的に環境を巡る議論が活発な国も、国民の意識が高い。
- なお、権威主義的な体制を取る一部の国では、そもそもの政策展開に国民の支持を得る必要がなく、当局の判断によるアクションが可能である。こうした環境も、大胆な決断には有利に働く。

前提条件②政治体制－国際協調指向

安全保障や通商・貿易において他国への依存度が高く、国際協調を重視する傾向があるかどうか。

- カーボンニュートラルに対する姿勢は、単独で決まるものではなく、他の領域を含めた総合的な判断が必要になる。
- 安全保障や経済の面で他の国と深く結びついた国は、相手先の意向を無視できない。相手先がカーボンニュートラルに踏み出せば、同調して動くインセンティブが生じる。

前提条件③マクロ経済－ルール形成力

国内市場規模が大きく、グローバルなルール形成に影響力を発揮できるかどうか。

- カーボンニュートラル投資の回収を考えると、新たな市場での競争ルールを定められるパワーは、自国／自社の競争力に有利に働く。
- 特に、何をもってカーボンニュートラルにプラスとするか、定義やデータの計測・判定ルールを握ることは、将来的な競争環境を大きく改善するきっかけとなり得る。

かどうか。

前提条件④マクロ経済－成長機会必要性

経済・市場が成熟し、カーボンニュートラル以外に有力な成長機会・投資機会が乏しいかどうか。

- カーボンニュートラルによって経済成長を図る、という絵は、代替案となる成長戦略が乏しいほど魅力的に映る。
- 具体的には、直近のＧＤＰ成長率や金利の情勢から、成長に課題を抱えているかどうかをうかがい知ることができる。

前提条件⑤エネルギー構造－再エネ生産ポテンシャル

平地面積、日照、海底地形や植生といった特性から、再生可能エネルギーの発電ポテンシャルが高い（近隣国からの輸入可能性も含む）かどうか。

- 再生可能エネルギーによる化石燃料代替を成長の材料とする上では、自国で再生可能エネルギーを生み出せることが前提となる。
- なお、仮に自国の領域内で再生可能エネルギーを生み出せなくても、近隣に友好国があり、そこから調達・融通することができれば、一定の効果は期待できる。

前提条件⑥エネルギー構造－化石燃料依存度

化石燃料を輸入に頼っており、再生可能エネルギーへの転換が国産化に直結するかどうか。

- 従来、化石燃料を使っていたとしても、それが自国産の化石燃料であれば、カニバリゼーションを招き、再生可能エネルギーによる代替はＧＤＰへのプラスにはならない。

前提条件⑦産業構造－脱炭素ビジネス進行度

低炭素・脱炭素技術の蓄積が厚く、優れたプロダクトやサービスを市場化できるかどうか。

- 各国・企業のカーボンニュートラル投資は、優れたプロダクトやサービスを有する一部の国・企業へ集中する。発電設備や自動車といった完成品の他、その製造に連なるサプライチェーンにおいて、他国、他企業にはまねのできない技術を保有し、開発できる力は、成長との両立のために非常に重要になる。
- 従って、こうした技術力を、他国、他社に先駆けて保有する国・企業は、積極的にカーボンニュートラルを進めるインセンティブを持つ。

前提条件⑧産業構造－脱炭素系有効資源保有

レアアースなど、低炭素・脱炭素化につながるプロダクト・サービス提供に有効な資源を押さえているかどうか。

- 技術の他にも、優れたプロダクトやサービスの提供に求められる資源がある。例えば、EV（電気自動車）向けモーターの製造にはレアアースが、バッテリーにはリチウムやコバルトといったレアメタルが必要になることが多い。従って、こうした資源を産出する国は、脱炭素プロダクトの拡大に伴って経済的な利益を得られる。
- 鉱物資源に加え、エネルギー消費の削減に有効なビッグデータなども、こうした資源の一環に含まれる。データとそれを活用するデジタル技術を保有する国は、脱炭素の戦いも有利に運ぶことができるだろう。

前提条件⑨産業構造－炭素集約産業依存度

炭素集約的で、大幅な方向転換が必要なプロダクトやサービスを抱えていないかどうか。

・カーボンニュートラルへの流れに沿った技術や資源を保有していても、同時に、カーボンニュートラルの達成が著しく困難な産業に依存していれば、差し引きの経済的な効果はマイナスになる可能性がある。
・例えば、製鉄や化学品製造、森林に負荷をかける農業でモノカルチャー的に経済を成り立たせているような国であれば、カーボンニュートラルを進めないことに強いインセンティブが生じてしまう。

海外の主要な国・地域の前提条件充足状況

では、排出量上位の国や地域が、どれくらいこれらの前提条件を充足しているかを見てみよう（**図表1-5-1**）。充足度が高ければ、

前提条件	欧州	米国	中国	インド	新興国の傾向	
					東南アジア	アフリカ
①国民の支持	○	△	○	×	○～×	○～×
②国際協調指向	○	×	△	×	○～×	○～×
③ルール形成力	○	○	○	○	×	×
④成長機会必要性	○	△	×	×	×	×
⑤再エネ生産ポテンシャル	○	○	○	○	○～×	○～×
⑥化石燃料依存度	○	×	×	△	○～×	○～×
⑦脱炭素ビジネス進行度	○	○	○	×	×	×
⑧脱炭素系有効資源保有	△	○	○	×	○～×	○～×
⑨炭素集約産業依存度	△	△	×	×	○～×	○～×

図表1-5-1　カーボンニュートラルにかじを切るための前提条件（各国・地域別）
○：条件をほぼ充足、△：一部を充足、×：充足していない。出所：ボストン コンサルティング グループ

カーボンニュートラルへの積極姿勢が取れると判断でき、逆に低ければ、手放しに推進に転じることはないと想定できる。

欧州（EU）の前提条件充足度

欧州は、前提条件①～⑨のほぼすべてを満たす、数少ない地域である（**図表1-5-2**）。

欧州は大半の国が地続きで、複数の国を貫いて流れる国際河川も多いことから、国境を越えた環境汚染などに対する感度が歴史的に高い（①）。各国における「緑の党」への支持は総じて堅調で、連立政権に参

前提条件	充足度
①国民の支持	○ 歴史的に環境意識が高く、「緑の党」も政治シーンに定着
②国際協調指向	○ EUそのものが国際協調の枠組みであり、伝統的に国際世論形成を重視
③ルール形成力	○ 人口は約4.5億。EU加盟27カ国の数のプレゼンスで、国際ルール形成に強い影響力
④成長機会必要性	○ 実質GDP成長率は1.5%と低め。政策金利は0.00%（2019年）
⑤再エネ生産ポテンシャル	○ 平地面積の比率は、フランス、ドイツともに69%。北海における風力発電も条件が整う
⑥化石燃料依存度	○ 一次エネルギー自給率は、フランス52.8%、ドイツ36.9%と中程度。ただし、内訳は原子力、再エネが多くを占める
⑦脱炭素ビジネス進行度	○ EV・PHV販売台数上位20社のうち、欧州企業は8社。風力発電設備などでも高い世界シェアを占める
⑧脱炭素系有効資源保有	△ 特筆すべきレアメタル類の産出はない。関連する知的資源は保有
⑨炭素集約産業依存度	△ 鉄鋼などの国内産業あり。企業別では、2019年まで欧州メーカーが首位

図表1-5-2　欧州の前提条件充足度

○：条件をほぼ充足、△：一部を充足、×：充足していない。出所：ボストン コンサルティング グループ

画するなど、政策に対する影響力も強い。

経済成長は強力なドライバーを欠いており、低金利が続く。このため、コロナ禍においても経済対策をCO_2削減に結びつける「グリーンリカバリー」をいち早く打ち出すなど、環境と成長の両立をコンセプトとして先導するリーダーである（④）。それを裏付けるように、自動車や発電設備といったプロダクトの技術水準も高く（⑦）、さらに、EU加盟27カ国という数のプレゼンスも生かし、市場での競争条件を定めるルール形成力が非常に高い（③）。

再生可能エネルギーについては、内陸・海洋ともに発電に有利な条件がそろう（⑤）。特に、北海の地理条件を生かした洋上風力では、直流電力や海水を電気分解した水素を各国に送る計画など、非常に大きな再エネ発電ポテンシャルが見込まれている。こうした再エネ化を推進することによって化石燃料の輸入を抑えることが可能な構造（⑥）も、環境と成長の両立をさらに強固にしている。

米国の前提条件充足度

米国は、前提条件③、⑤、⑦といった重要条件は満たしているものの、①と⑥にアキレス腱を抱えている（**図表1-5-3**）。

先の大統領選で浮き彫りになったように、米国では政治的な分断が進んでいる。特に、気候変動は、銃規制・人工妊娠中絶・社会保障などと並んで民主党・共和党の支持者の間で明確に見解が分かれるトピックである（①）。選挙のたびに気候変動へのスタンスが変わる不安定な状況は、連邦レベルでも州レベルでも当面続くだろう。

前提条件	充足度
①国民の支持	△ 共和党・民主党で気候変動に対する世論が二極化
②国際協調指向	× 様々な外交分野で、頻繁に単独行動を取る傾向（気候変動では、共和党政権で顕著）
③ルール形成力	○ 人口は約3.3億。デジタル分野のデファクトスタンダードを含め、ルール形成に強い影響力
④成長機会必要性	△ 実質GDP成長率は2.2%、政策金利は2.2%（2019年）。デジタル分野などの成長産業あり
⑤再エネ生産ポテンシャル	○ 平地面積の比率は68%。西部の砂漠など、再エネ発電に適した土地・気象を備える
⑥化石燃料依存度	× 一次エネルギー自給率は、92.6%。国産の石炭・原油・天然ガスが強く、カニバリゼーションの恐れ
⑦脱炭素ビジネス進行度	○ EV・PHV販売台数上位20社のうち、米国企業は2社。クリーンテックと呼ばれるスタートアップ企業も多い
⑧脱炭素系有効資源保有	○ レアアースの産出量シェアは16%。プラットフォーマーが世界有数のビッグデータを保有
⑨炭素集約産業依存度	△ 粗鋼生産量は世界４位。ただし、中国などからの輸入にも相当程度を依存

図表1-5-3　米国の前提条件充足度

○：条件をほぼ充足、△：一部を充足、×：充足していない。出所：ボストン コンサルティング グループ

また、巨大な国力を背景に単独行動に走る可能性があることは、京都議定書やパリ協定の参加・離脱の際の議論を見ても明らかである（②）。

経済的には、GAFAをはじめとするデジタル分野の企業が高い成長率を誇り、経済をけん引している（④）。このことが、脱炭素に関連したデジタルサービス勃興の可能性につながる（⑧）と同時に、グリーンリカバリーの一本槍にすべてを賭けなくてもよいという余裕を生んでいる。

米国は、石炭・原油・天然ガスなどの化石燃料をほぼ自給している（⑥）。このため、再エネ発電への移行が成長に結びつかないだけでなく、多くの企業経営と雇用に影響を与えてしまう。この産業構造が基底となり政治的な分断が生まれているため、問題は根深く、短期的には解決の糸口がない。

テスラに代表されるEVや、シリコンバレーの環境を生かした「クリーンテック」スタートアップが多い点は、米国の強みである（⑦）。レアアースが産出され、中国以外の供給源になり得る点も、カーボンニュートラル推進の追い風となる（⑧）。だが、欧州に比べると、①と⑥のアキレス腱でこの強みが阻害され、十分に発揮されていない状況にある。

中国の前提条件充足度

中国も米国同様、ポジティブな要素とネガティブな要素が混在する（図表1-5-4）。

米国との違いは、国内世論を気にする必要が薄いという政治環境にある。中国では、国民一般の環境意識が高いわけでは必ずしもない。しかし、そもそも選挙を意識する必要がなく、戦略的に妥当であると考えれば共産党がカーボン

前提条件	充足度
①国民の支持	○ 国民の環境意識にかかわらず、政策判断が可能な体制
②国際協調指向	△ 国際協調にも一定の目配りはするものの、いざとなれば単独行動も辞さない
③ルール形成力	○ 人口は約14億。様々な領域で「中国独自」のルールを形成。他国への再エネインフラ輸出も活発
④成長機会必要性	× 実質GDP成長率は6.0％（2019年）。既に高成長で旗印の必要はなく、むしろ排出増を懸念
⑤再エネ生産ポテンシャル	○ 平地面積の比率は77％。内陸部を中心に大量導入を進め、世界最大の再エネ発電量を誇る
⑥化石燃料依存度	× 一次エネルギー自給率は、86.5％。国産の石炭・原油が強く、カニバリゼーションの恐れ
⑦脱炭素ビジネス進行度	○ EV・PHV販売台数上位20社のうち、中国企業は6社。太陽光パネルなどでも世界首位
⑧脱炭素系有効資源保有	○ レアアースの産出量はシェア58％で首位。リチウム、コバルト、ニッケルなどの関連レアメタルも産出。関連する知的資源も保有
⑨炭素集約産業依存度	× 粗鋼生産量は世界首位。企業別上位10社のうち、7社が中国企業

図表1-5-4　中国の前提条件充足度

○：条件をほぼ充足、△：一部を充足、×：充足していない。出所：ボストン コンサルティング グループ

ニュートラルに一気にかじを切れる（①）。また、世界の工場として貿易網に組み込まれており、米国に代わる世界のリーダーを目指すというポジショニングから国際協調にも一定の目配りはするものの、いざとなれば超大国としての独自行動もいとわない（②）。いわば、国内外ともに、政策的なフリーハンドを確保している。

このため、経済に負荷をかけてまで取り組みを急ぐ必要はなく、自国の成長に有利な駒を取捨選択しながら進め、結果としてできる範囲でカーボンニュートラルに近づけていけばよい。こうした思考の表れとして、中国のカーボンニュートラル目標年は「２０６０年」と、ＩＰＣＣの勧告より10年遅い。そして、再エネ導入量で首位に立つ（⑤）一方で、化石燃料も旺盛に消費する（⑥）、ＥＶや太陽光のプロダクトで高い競争力を誇りつつ（⑦）、鉄鋼でも世界の過半を占める一大供給地としての立場を崩さない（⑧）など、アンビバレントな構造を意図的に抱え込みつつ、走り続けている。

インドの前提条件充足度

インドは前提条件⑤、および⑥の一部を満たし、再エネによるエネルギー輸入の代替は期待できる。一方で⑦や⑨を満たさず、プロダクトやサービスで外貨を稼ぐといった戦略が期待しづらい立場にある。世界3位の排出国であるインドは対策に必要な投資も大きくなることから、カーボンニュートラルと成長の両立が見通しづらい状況にあると言える（**図表1-5-5**）。

インドでは、経済成長を重視する世論に応え政権を維持する必要があり、国民の声は無視できない（①）。また、先進国との協調を軽視するわけではないが、環境問題については新興国筆頭の立場をより重視し、歴史的に強い反対論を何度も唱えている（②）。

とはいえ、再生可能エネルギーに背を向けているわけではない。太陽光、風力

前提条件	充足度
①国民の支持	× 民主主義国であり、かつ、気候変動問題を重視する世論は弱い
②国際協調指向	× 気候変動問題については、歴史的に、新興国筆頭として反対論を主導
③ルール形成力	○ 人口は約13.8億。人口はいずれ世界首位となり、GDPでは米国に並ぶと予想されている
④成長機会必要性	× 実質GDP成長率は4.0%、政策金利は4.4%（2019年）。新たな旗印への誘因は強くない
⑤再エネ生産ポテンシャル	○ 平地面積の比率は78%。太陽光、風力とも導入量で既に世界上位5位に入る
⑥化石燃料依存度	△ 一次エネルギー自給率は67.5%。一定の輸入があり、再エネ拡大による代替効果はある
⑦脱炭素ビジネス進行度	× EV・PHV販売台数上位20社にインド企業は含まれない
⑧脱炭素系有効資源保有	× 特筆すべきレアメタル類の産出はない
⑨炭素集約産業依存度	× 粗鋼生産量は世界２位

図表1-5-5　インドの前提条件充足度

○：条件をほぼ充足、△：一部を充足、×：充足していない。出所：ボストン コンサルティング グループ

とも、導入量は世界で五指に入る（⑤）。しかし、それ以上に外貨を獲得できるような脱炭素のプロダクトやサービスは、インドには見当たらない（⑦）。むしろ、生産量世界2位の鉄鋼業など、カーボンニュートラルへの流れにより成長が阻害される産業の方が多い（⑨）。

こうした構造から、自国を含めた新興国には「カーボンニュートラル目標を強制すべきでない」と明言し、中国よりもう一段引いた構えを崩していない。実際、現時点でインド政府は、将来のカーボンニュートラルにはコミットしていない（検討中、との報道はある）。NDCは提出しているが、コミットしているのは総量ではなく、GDP当たりの排出削減にとどまっている（GDPが成長すれば、排出総量が増えることもあり得る）。

新興国（東南アジア、アフリカ）

東南アジアやアフリカの新興国については、国により事情は異なるものの、カーボンニュートラルと成長の両立条件がそろうケースは決して多くはない（**図表1-5-6**）。

政治環境としては、国民の環境意識が高い国が多いとはいえない（①）。もちろん、海面上昇の脅威にさらされる一部の島国や世論に左右されない権威主義国という例外はあるものの、多くの場合、政治的な推進圧力は弱い。

経済面では、今後もまだ高成長が期待できる一方で、強い環境技術を保有した国はほぼない。これが、グリーンリカバリー方式の投資拡大に魅力を感じられない理由となっている（④、⑦）。大量の再エネ発電が可能な砂漠がある（⑤）、EV製造に関連があるレアメタル類が産出される（⑧）など、偶発的に実現条件を満たした一部の国を除いては、概してカーボンニュートラルに積極的になりづらい。

前提条件	充足度
①国民の支持	○～× 一部の国を除いては、国民の環境意識は高くない
②国際協調指向	○～× 小国が多く、他国依存は強い。ただし、相手は必ずしも先進国ではなく、中国やインドも
③ルール形成力	× 国によるものの、米中インドのような規模を誇る国は少ない
④成長機会必要性	× 実質GDP成長率はおおむね高く、旗印が不要な一方、成長に伴う排出の自然増に強い懸念
⑤再エネ生産ポテンシャル	○～× 国による。砂漠や遠浅の海など、条件が整った国もある
⑥化石燃料依存度	○～× 国による。エネルギー自給が高い国から、国外依存が高く再エネ代替が有利な国もある
⑦脱炭素ビジネス進行度	× 概して、産業技術的な競争力は高くない
⑧脱炭素系有効資源保有	○～× 国による。レアアースのミャンマー、リチウムのチリなど、局地的に強い国がある
⑨炭素集約産業依存度	○～× 国による。重工業は少ないが、焼畑などの農林業で強い排出を伴う産業構造の国もある

図表1-5-6　新興国の前提条件充足度

○：条件をほぼ充足、△：一部を充足、×：充足していない。出所：ボストン コンサルティング グループ

グローバルレベルでのカーボンニュートラル展開シナリオ

以上、主要な国や地域がどの程度カーボンニュートラルへの前提条件を充足しているか、すなわち、どれくらいカーボンニュートラルに積極姿勢をとり得るかを概観してきた。だがここまで見てきたのは、これら各国の姿勢や行動のポテンシャルにすぎない。

各国の行動は、相互に影響し合う可能性がある。グローバル全体の姿は各国の行動のポテンシャルを単純に合成したかたちにはならないだろう。例えば、カーボンニュートラルをけん引する国や地域が多大な影響力を持てば、カーボンニュートラルの早期実現に向けて一気に状況が展開するかもしれないし、逆に、各国が互いにけん制しながら様子見のスタンスを決め込めば、膠着状態になり全く進まなくなるかもしれない。

このような状況の中、あり得そうな一つの将来像を予測することは困難である。むしろ、一定の幅を持ったシナリオを複数想定し、必要な対応に考えを巡らせておく「シナリオ・プランニング」の考え方こそが有効であろう。前述した各国の前提条件の充足状況や、考え得る相互作用を鑑みつつ、ここでは、2030年ごろまでの展開として、4つのシナリオを提示したい。

カーボンニュートラルの「楽観シナリオ」

気候変動が人類最大の課題として各国政府と国民に広く受け入れられ、共通の枠組みの下、世界全体がカーボンニュートラルに向かって進むシナリオ。

- 枠組条約、パリ協定などの他、タクソノミー、LCA（製品のライフサイクル全体でのCO_2排出）規制、カーボンプライシング（国境炭素調整措置、133ページで詳説）といった欧州発の枠組みが各国・地域に浸透し、グローバル・スタンダード化が進む。G7を中心に、WTO（世界貿易機構）などの場で国際的なルールが設定され、欧・米・中などの主要各国が歩調を合わせる。
- 新興国向けのカーボンニュートラルと成長の両立を支援するための枠組みが強化され、インドをはじめとした大多数の新興国がカーボンニュートラルにコミットする。
- 2020年代を通じた各国の大胆な取り組みにより、気温上昇は2030年時点でも1.5℃を下回る（その後、1.5℃近辺で安定）。

カーボンニュートラルの「中間シナリオ①デカップリング」

各国の基本姿勢は総論賛成・各論反対だ。各国がカーボンニュートラル化の必要性を認め取り組みを進めるものの、その方向性やペースに地域差が生じる中、大きくは欧米を中心としたファーストグループ、中国を中心としたセカンドグループに分かれるシナリオ。

- 欧州を中心とした「ファーストグループ」は、原則欧州発の枠組みに準拠。各種制度を調和させた経済圏を形成する。
- 米国は、民主党による政策主導が続く。ファーストグループに属し、欧州との協調を強める。
- 中国は、独自のペースでカーボンニュートラル化を進める「セカンドグループ」（環境版一帯一路）を形成。2020年代の間は、旧来型・脱炭素型の産業構造を並走させ、アジア・アフリカなどの新興国市場との相互依存を強める。2020年代終盤に差し掛かるタイミングで、成熟した脱炭素技術を見極めて欧州や日本から一気に導入。欧州とは異なる枠組みで、資金力を生かしたインフラ支援なども織り込み、新興国市場を抱え込んだ脱炭素化を始める。
- インドやその他新興国は、ファーストグループとセカンドグループの陣営争いの中で、いずれに属するか判断を迫られる。個別のカーボンニュートラル投資負担に耐えられない多くの中小国は、両陣営から示される新興国支援の内容をてんびんにかけ、是々非々で態度を決めていく。

- 気温は、2030年ごろに1.5℃を一時突破しオーバーシュート。その後、中国を中心としたCCSの大規模導入により、2030年代から2040年代にかけて徐々に低下・安定。

カーボンニュートラルの「中間シナリオ②多極化」

各国が総論賛成・各論反対である点は、中間シナリオ①デカップリングと同様である。ただし、欧州と米国の足並みが乱れることで、カーボンニュートラルを巡る世界の方向性が多極化するシナリオ。

- 欧州は、中間シナリオ①デカップリングと同様「ファーストグループ」を形成し、先行して脱炭素を進める。
- 米国は、4年ごと（議会を含めると2年ごと）の選挙で連邦レベルのスタンスが定まらず、出たり入ったりを繰り返す。民主党の支持基盤が強固な一部州政府やデジタル技術を活用するグローバル企業が欧州と異なる独自のアプローチで先進的な取り組みを進めるものの、国全体としては化石燃料の利用が続き、欧州に後れを取る。政策の振幅が大き過ぎて歩調を合わせられる国が少なく、明確な経済圏は形成されないものの、米国自体のプレゼンスの大きさから単独で事実上の「セカンドグループ」を形成。
- 中国は独自のペースでカーボンニュートラル化を進めるが、欧・米の二極に連なる「サードグループ」となる。
- 新興国は、各陣営から示される新興国支援の内容をてんびんにかけ、是々非々で態度を決めていく。

カーボンニュートラルの「悲観シナリオ」

カーボンニュートラル化の必要性・実現可能性への懐疑論が広がり、枠組条約とパリ協定に基づく議論は空転。世界のカーボンニュートラル化は停滞するシナリオ。

- 欧州は引き続きカーボンニュートラルの旗を振り続けるものの、スタンスが近い一部の国々を除き、多くの国が戦線から離脱。国境炭素調整措置などの欧州発の枠組みは域外ではほぼ採用されず、特殊な制度として孤立。
- 米国は、連邦レベルで共和党が二期連続で政権を取り、欧州から距離を置く。米国内のカーボンニュートラル化は、州により進展に差が生まれるものの、消極的な州では２０３０年までほぼ進展がなく、化石燃料の利用が続く。

- 中国は、インドやその他新興国と歩調を合わせ、欧州発の議論に激しく反発。２０６０年カーボンニュートラルの旗こそ降ろさないものの、具体的なアクションは当面とらない。２０２０年代終盤に差し掛かっても大胆な方針の転換は行わず、トランジション（移行）策を前面に押し出し、各国が「新興国が受け入れられる範囲」での取り組みを中国の傘の下で推進する。
- 気温は、２０３０年ごろに1.5℃を突破しその後も上昇。２０４０年に差し掛かり、異常気象の頻度や規模など、被害が許容値を超えた結果、新たな気候変動対策の枠組みが議論され始める。

以上、想定し得る一定の幅の中の４つのシナリオを提示した。本書は、ＣＯＰ26開催前の段階で執筆している。この段階で、前述の楽観・中間・悲観シナリオの蓋然性を論じることは難しいし、今後の展開の不透明さを考えるとそれほど重要でもない。よって、ひとまずは、いずれのシナリオもある程度の確率で起こり得ると仮定した上で、次節では日本についての検討を深めていきたい。

1-6 カーボンニュートラルは、日本にとって実現可能なのか

前節では、主要国がどのようなスタンスでカーボンニュートラルに取り組むと考えられるかを概観してきた。では、日本はどう動くべきなのだろうか。これをひもとくために、「日本のカーボンニュートラル前提条件の充足度」、次いで「日本にとってのカーボンニュートラルの難易度」を確認していきたい。シンプルに考えると、充足度が高ければカーボンニュートラルの実現は比較的容易で、より前向きに取り組みやすいが、逆に充足度が低ければチャレンジが大きく、推進していくには覚悟と多大な負荷を伴うため、前に進んでいくべきかどうかを慎重に考える必要が出てくる。

日本のカーボンニュートラル前提条件の充足度

日本は前述した9つの前提条件をそれぞれどの程度充足しているのか、順を追って確認していこう。

前提条件①国民の支持↓〇

後段の企業・消費者の負荷の大きさも強く影響するものの、他国と比べると、カーボンニュートラルへの取り組みに対しては、相対的に理解、支持が得られやすいと考えられる。ベースとして国民の教育水準が高く、欧州の一部の先進地域ほどではないにしろ、環境問題の重要性に対しての理解がある。

また、昨今の気候変動の影響を受けて、国民の危機意識も高まりつつあることもプラス要因だ。加えて、コロナ対応で見られたように、国民が一致団結して取り組まなくてはならないことに対しては、他国と比してコンセンサスを取りやすいことも大きい。

前提条件②国際協調指向↓〇

日本は、人口1.2億、GDPも世界3位の大国ではあるが、独力で生き延びられる超大国とは言いがたい。よって、安全保障面、経済活動面からも、「国際協調を重視していくことが国益につながる」というのが大方の見方であろう。可能性としては、ナショナリズムが強まったり、極端な考え方を持つ政権が現れたりすることもあり得るが、中長期的な目線からは、国際協調路線は揺るがないと考えられる。

前提条件③ルール形成力↓△

自国のルールがグローバルのルールになっていくと考えられるほど、国内市場の規模、注目度、魅力度は大きくはない。一方で、経済規模を勘案すると、国際的な影響力は相応の大きさを維持していくと思われるので、工夫次第でルール形成への一定の発言力を保持できると考えられる。

前提条件④成長機会必要性↓○

経済が成熟段階にあるのは明らかで、少子高齢化を見据えると、現在の延長線上でいけば地盤沈下も想定せざるを得ない閉塞感もある。そのような中、カーボンニュートラルへの取り組みは、有力な成長機会、投資機会を生み出し得る刺激剤と考えられる。現に政府はそのような視野から、今後の成長戦略の要としてカーボンニュートラルを掲げている。

前提条件⑤再エネ生産ポテンシャル↓×

この要素は、日本のカーボンニュートラル実現に向けては最大のボトルネックである。日本は四季がある温暖な気候で、適度な降水量があり、水資源、森林も豊富で、周囲は海に囲まれている、自然豊かな国と考えられている。素直に考えると、「豊かな自然＝豊かな再生可能エネルギー」と考えたくなる。

しかし残念ながら、その豊かな自然が再エネには結びつきづらい。まず、太陽光発電に関しては、山がちな地形で平地比率が低いため、適切な設置場所が少ないのに加え、適度な降水、豊かな四季は、日照時間という点でマイナスになってしまう。太陽光のコストパフォーマンスという観点では、平らで雨が降らない砂漠を抱えた国と比べて大きく劣る。

また、風力発電についても、平地面積の少なさから陸上風力の設置余地は限定的である。洋上風力においても近くに深い海溝が控え、遠浅の海が限られているために、設置海域が限られてしまう。設置海域の限界を突破するための浮体式洋上風力についても、漁業が重んじられていることから、交渉に多大なエネルギーと時間がかかる。大規模に導入するには、かなりのエネルギーと時間を要する。

地熱発電が検討されているが、適地は温泉地、観光地が多く、権利関係の調整などを考えると主力になるとは言いづらい。さらに視野を広げて潮力発電まで考えても、これも潜在力はあるが、技術開発はこれからという段階で、ポテンシャルを含めて未知数である。

こう考えると、日本は自然に恵まれる半面、経済・社会的な制約も加味して考えれば再エネ拡大のポテンシャルは決して高いとは言えず、再エネによる発電量を増やすには、かなりの工夫が必要になる。

前提条件⑥化石燃料依存度↓〇

日本のエネルギー自給率は10％弱であり、エネルギー資源の輸入依存度が極端に高い国の一つである。よって、国産再生可能エネルギーへのシフトの恩恵は極めて大きい。この観点からは、カーボンニュートラルに取り組むインセンティブは高い。

前提条件⑦脱炭素ビジネス進行度↓△～〇

日本は、欧州のように脱炭素社会への移行の先陣を切ってきたわけではないため、現時点で国際的に競争力のあるプロダクトやサービスがそろっているとは言いがたく、なお後れを取っている面もある。例えば、風力発電においては、実績を積み上げてきた欧州との間には、技術面、オペレーション面ともに大きなギャップがあり、キャッチアップに向けては、政策的なてこ入れが必要な状況だ。

しかしながら、省エネ、小型化など、省資源に関連する技術力には定評があるなど潜在的な強みは多く存在し、今後各企業がカーボンニュートラルのグローバル市場を意識して努力していくのであれば、優位性を構築できる領域や要素は多いとも考えられている。

前提条件⑧脱炭素系有効資源保有↓△

日本は近海の深海を除いて、レアアースなど、脱炭素に向けたプロダクトやサービスに使われる自然資源には恵まれていない。ポテンシャルがあると言われている深海部分の資源開発はかなり先になると見込まれ、自然資源については海外に依存する状況である。しかしながら、脱炭素時代に力を発揮する様々な技術、デジタル・ＡＩの利活用などの知的資源には、潜在的な競争力があるため、今後の努力次第では、カーボンニュートラルにより国益をもたらす潜在的な資源が存在しているとも言える。

前提条件⑨炭素集約産業依存度↓×

日本としては頭の痛い項目である。我が国には、カーボンニュートラルへの取り組みから多大なマイナスの影響を受ける主力産業が多く存在する。

その代表例が自動車産業である。カーボンニュートラルに向けての潮流が加速する中で、ガソリンエンジンをベースとした自動車は、多くはEV、そして一部は水素自動車などに置き換えられていく。ガソリン車とEVは似て非なるものと言ってよい。日本が誇る自動車メーカー、および、関連メーカーの優位性のいくつかは失われる可能性があり、大きなチャレンジに直面する。また、世界第3位の生産量を誇る鉄鋼業も炭素集約的産業であり、今後は生産プロセスを中心に大きな変革が必要になるため、カーボンニュートラルへの対応は大きな課題となる。

以上のように、日本がカーボンニュートラルに向けて邁進することは、主力製造業を中心に痛みを伴う大きな変革、構造転換を強いることになり、他国に比べ厳しい道を歩むことになる。

カーボンニュートラル難易度の国際比較

以上議論してきた日本のカーボンニュートラル前提条件の充足度を、他地域と比べてみよう（図表1-6-1）。

まず明らかなのは、充足度が高い欧州には大きく見劣りしていることだ。一方で、その他の地域との比較では一見、充足している項目が相対的に多いように見えなくもない。しかしながら、「⑤の再生可能エネルギーのポテンシャルに懸念があること」と、「⑨の炭素集約的な主力産業への依存度が高いこと」は極めて重要な項目で、これら2つがボトルネックである。

まとめるとこうだ。「一見充足度が高く見えるが、質的には高水準とは言えず、実現の難度がかなり高いグループに分類し得る。前提条件⑤と⑨の2つの大きなボトルネックを排除できなければ、カーボンニュートラルの実現は難しい」。

前提条件	日本	欧州	米国	中国	インド	新興国の傾向	
						東南アジア	アフリカ
①国民の支持	○	○	△	○	×	○～×	○～×
②国際協調指向	○	○	×	△	×	○～×	○～×
③ルール形成力	△	○	○	○	○	×	×
④成長機会必要性	○	○	△	×	×	×	×
⑤再エネ生産ポテンシャル	×	○	○	○	○	○～×	○～×
⑥化石燃料依存度	○	○	×	×	△	○～×	○～×
⑦脱炭素ビジネス進行度	△～○	○	○	○	×	×	×
⑧脱炭素系有効資源保有	△	△	○	○	×	○～×	○～×
⑨炭素集約産業依存度	×	△	△	×	×	○～×	○～×

図表1-6-1　日本のカーボンニュートラル実現の前提条件充足度（各国・地域との比較）
○：条件をほぼ充足、△：一部を充足、×：充足していない。出所：ボストン コンサルティング グループ

前提条件⑤と⑨の２つのボトルネックは、どちらも深刻ではあるが、再生可能エネルギーの生産ポテンシャルが低く、その裏返しとして、カーボンニュートラル時代に適合したエネルギーを相応の価格水準で確保しなければならないこと、すなわち前提条件⑤への対応がより重要であると言える。なぜなら、国際競争力に大きく影響しない価格水準で、カーボンニュートラル時代に許容されるエネルギーを確保できなければ、日本では輸出を視野に入れる製造業を営むことが著しく困難になり、主力製造業の海外生産を一層加速化させ、空洞化が起こりかねないからだ。そうなってしまうと、もう一つの課題として挙げている、炭素集約産業への依存度の解消、すなわち、主力産業の脱炭素化、構造転換の議論の前に、主力産業がなくなってしまう。

日本がカーボンニュートラルを達成するためのオプション

では、不利な自然条件の下で、カーボンニュートラル時代に適合したエネルギーを確保できるのだろうか。結論からすると、難度が高いとはいえいくつかのオプションが考えられ、努力次第では解決し得る。本書の目的を超えてしまうので、各オプションについて詳述は控えたいが、概要は以下の通りである。

オプションa　国内再エネ（太陽光・風力）を大量に導入する

前述したように、日本における再生可能エネルギーの確保には課題が多い。だが、工夫と技術革新により、ポテンシャルを引き出せる可能性はある。太陽光エネルギーに関しては、徹底的に設置場所を増やしていく努力が出発点になる。「耕作放棄地や農地にできる限り太陽光発電を設置する」「可能な限り多くの建物に太陽光パネルを取り付ける」など、従来の発想や制約を超えた取り組みを、官民を挙げて進めるイメージである。

また、現在20％程度である太陽光エネルギーの電気への変換効率（単結晶パネルの場合）も、技術的には40％レベルまで高められるという見解もある。このような設置場所の激増と変換効率の向上が実現すれば、太陽光のポテンシャルを大きく引き出し得る。

これに加え、風力発電の大量導入、具体的には、日本近海の適地に浮体式洋上風力を徹底的に設置していければ、日本のエネルギー需要を充足し得ると考えられている。ただし、そのためには漁業権の問題の解消、より安価かつ大容量の風力発電施設の開発・設置などが必要になる。

一方で、太陽光、風力を問わず、再生可能エネルギーに共通の弱みは、発電量が自然条件により左右されることだ。よって、これらのエネルギーを主力と位置づけるためには、水素発電などの調整電源を確保するとともに、大幅な系統増強などが実現の条件になってくる。

オプションb　海外から水素を大量に輸入し、国内の再生可能エネルギーの不足分を補う

国内で生産した再エネの利用をある程度拡大しつつ、それでも十分なエネルギーを確保できない場合、主たる電源を海外から輸入した水素を用いた火力発電にするという選択肢もある。

水素は、オーストラリアなど、再生可能エネルギーに富み、安定的な外交関係を長く維持できる国から輸入することになる。ただし、「海外現地で再生可能エネルギーから水素をつくり、それを液化して運搬し、また発電に用いる」という水素バリューチェーンを構築する必要がある。難度は高く、コスト低減努力も必要だが、多くのプレーヤーがこの事業のポテンシャルに賭けようとしている。国の適切な支援などがあれば、実現し得るオプションと考えられる。

オプションc　CCS大量導入により、LNG火力を継続させる

ＣＣＳ（二酸化炭素貯留技術）の実用化、つまり技術革新によるコスト低減に加え、国内外におけるＣＯ$_2$貯留キャパシティーの確保が進めば、オプションａ、ｂのような大規模な構造転換にチャレンジせずに、ＬＮＧ火力を継続していける可能性がある。既存のガス火力にＣＣＳ設備を追加すれば、カーボンニュートラル化が実現するからだ。これは、痛みの小さいオプションではあるが、実現に向けては、技術面を中心にハードルも高い。

オプションd　DACを大量導入し、LNG火力を継続させる

オプションｃと似て非なるのが、ＤＡＣを活用するオプションである。ＤＡＣの場合、特定の排出源を対象とせずＣＯ$_2$を回収する。発電においてはＣＯ$_2$を出すが、別のところでＣＯ$_2$を回収し、トータルではカーボンニュートラルな電源供給になっている、という考え方である。ただし、実現に向けては、技術面に加え国際的なオフセットのルールなどの環境整備が必要である。こちらも痛みは小さいが、実現に向けてのハードルは高いオプションである。

オプションe　再び原子力に大きく依存する

原子力発電の再稼働、耐用年数延長、リプレース、新型炉の増設により、原子力中心のエネルギー供給でカーボンニュートラルを実現する道筋も理論的にはオプションとなる。特に、ＳＭＲ（小型モジュール炉）によるリプレースや増設は、米国や英国でもカーボンニュートラルの一施策として位置づけられている。東日本大震災以降、国内では議論しにくいオプションになっているが、国内の合意形成ができれば選択肢になる。

オプションf　国際連携線により、電力を直接輸入する

再生可能エネルギーについては、仮に自国での生産ポテンシャルが限られる場合でも、連携線を引いて隣国から電力を輸入できるのであれば、再生可能エネルギー問題は解消する。日本の場合も、海を越えて、再生可能エネルギーの適地を持つ近隣の国々と連携線を接続することは、技術的には可能であり、コスト面でも有力なオプションになり得る。最大の論点は、「どの隣国から輸入するのか、輸入先の国が外交手段として電力輸出を制限することはないか」であり、安全保障上のリスクとの慎重な比較考量が必要となる。近年地政学リスクの高まりとともに、本件は、議論の俎上に載せにくくなっている。

以上のオプションの実現に向けてはそれぞれ大きなチャレンジがあるが、カーボンニュートラル時代に適合したエネルギーの確保は、実現不可能ではないと言える。また、もう一つのボトルネックである、炭素集約的な主力産業の変革、構造転換もハードルは高く、個別企業、業界による並大抵ではない努力が必要であるが、脱炭素エネルギーをしっかりと確保し、適切な政策的支援などを確保すれば、乗り越えられなくはないだろう。

ここまでを総括すると、日本のカーボンニュートラル実現は、かなりの努力、覚悟が必要な険しい道を進むことになるものの、実現は可能といえる。そうなると、次の論点は、「本当にそのような険しい道を進むべきなのか」だ。次節では、日本は不退転の決意でカーボンニュートラルに向かっていくべきなのか、それ以外にどのような戦略があり、どの戦略をとるべきなのかを考察してみたい。

1-7 日本は、カーボンニュートラルにどう対峙すべきか

日本の戦略指針

本節では、「日本はどの程度の積極姿勢で臨むか」という観点から4つの戦略指針を想定する。それを、**1-5**で紹介した世界の国々の4つのシナリオと掛け合わせて、それぞれの戦略指針がどのようなメリット／デメリットにつながるのかを確認、比較することを通じて最適解を探る。

まずは、4つの戦略指針を、カーボンニュートラルへの積極度が強いものから順に説明する。

戦略指針a　超積極的対応

カーボンニュートラルへの対応は、不可避かつ成長戦略の好機であると想定し、その人

類存亡をかけたアジェンダにおける主導国の一つと認知され、リスペクトされることも目指しつつ、極めて積極的にカーボンニュートラルに取り組む。先頭を走る欧州勢との協調を深め、ルールの形成もシンクロさせていく。例えば、国境炭素調整についてはEU並みの排出量取引を導入し、同等の制度を持つ国としての認識を得る。国内においても、カーボンニュートラルに向けての取り組みを、最上位の優先案件と位置づけ、必要な資源を優先して投入しつつ、痛みを伴う取り組みも不退転の決意で進めていく。

戦略指針b　積極対応＋スピード調整

カーボンニュートラルへの対応は避けがたい潮流、かつ成長戦略の好機であると想定し、欧州とともに先陣を切って行動していくものの、米国や中国の動向を横目で見ながら、取り組みスピードは微調整していく。また、欧州に対しては、削減貢献によるオフセットの許容やトランジションに対するスタンスなどについて、欧州基準を受動的に受け入れるのではなく、日本の考える方向性を磨き上げ、提示し、働きかけていく。

戦略指針c　後進グループ的対応

欧州などファーストグループのルール形成はしっかりフォローしつつも、後進グループのキーである中国のスピード感に近いかたちで、現実的に対応し得る速度で取り組んでいく。例えば、国境炭素調整措置やＬＣＡ規制については、市場アクセスに必要な排出算定や可視化には対応していく半面、チャレンジングなコミットは回避する。一方で、カーボンニュートラルの潮流が加速化する場合は、キャッチアップするよう、取り組みに拍車をかける。

戦略指針d　実質消極対応

カーボンニュートラルに対する積極的な姿勢を表向きは見せながらも、日本としてメリットがある部分のみ対応し、ペースを上げずに対応していく。例えば、国境炭素調整措置やＬＣＡ規制には、日本として対応が難しい場合は、途上国も巻き込み反対姿勢を示す。採算を見込めないカーボンニュートラル投資は控え、日本企業に強みがある部分、取り組める部分にのみ注力する。

各戦略指針のシナリオごとの評価

この４つの戦略指針と、1-5で紹介した世界の国々の動向シナリオを掛け合わせ、メリット／デメリットを考えると、次のように整理できる（図表1-7-1）。

戦略指針aの評価

●戦略指針a×楽観シナリオ

欧州発の枠組みをベースに、各国が覚悟を持って取り組みを進めていくので、世界市場はカーボンニュートラル標準になると想定される。よって、超積極的姿勢をいち早くとることによって、先行者メリットを得られ、メリットがデメリットを大きく凌駕するだろう。

●戦略指針a×中間シナリオ①デカップリング

日本も欧米に加わり他国とともに広域経済圏を形成するため、メリットを享受できる。一方で、カーボンニュートラルへの高い要求水準を満たすかたちでの経済活動となるため、日本企業のセカンドグループ国でのビジネスには、制約が出てくる可能性が高い。例えば、仮に東南アジアがセカンドグループに帰属する場合は、カーボンニュートラルに縛られ過ぎないかたちで経済活動をしている中国企業

戦略指針	楽観シナリオ	中間シナリオ① デカップリング	中間シナリオ② 多極化	悲観シナリオ
a 超積極的対応	◎	△	×	××
b 積極対応＋スピード調整	○	○〜△	○〜△	△〜×
c 後進グループ的対応	×	△	○	△
d 実質消極対応	××	×	△	△

図表1-7-1　各戦略指針の4つのシナリオごとの総合評価

◎：メリットが大きい、○：メリットあり、△：メリットもデメリットもある、×：デメリットあり、××：デメリットが大きい。出所：ボストン コンサルティング グループ

などの方が、制約条件を背負った日本企業よりも、低コストかつ柔軟な条件でビジネスを展開できるようになり、日本としては、東南アジアビジネスで優位性を失いかねない。よって、デカップリングシナリオにおいては、セカンドグループが大きくなる場合には、デメリットが増大する。

●戦略指針a×中間シナリオ②多極化

日本企業は厳しい欧州基準に適合し、カーボンニュートラルの観点で必要以上にハイスペックになってしまっているため、米国を含めた欧州以外の広い領域で、コスト面でハンディを背負い、デカップリングシナリオよりも、ずっと厳しい展開になる。

●戦略指針a×悲観シナリオ

多極化シナリオより、さらに状況は悪化する。多くの国がカーボンニュートラルに向けての努力をしない状態にあるので、犠牲を払ってカーボンニュートラルに適合する体制をつくったメリットはほぼ消失するとともに、欧州以外のマーケットでは、国際競争力が弱まり、ダメージが極めて大きい結果になる。

戦略指針bの評価

●戦略指針b×楽観シナリオ

戦略指針aほどではないにしろ、先行者メリットを得られ、トータルではメリットが大きい。

●戦略指針b×中間シナリオ①デカップリング、中間シナリオ②多極化

戦略指針aと異なり、米国や中国の取り組みの姿勢を見ながら、取り組みをペースダウンできるメリットが大きい。世界全体の取り組みスピードがあまり上がらない場合は、スピードを緩めることにより、過度にカーボンニュートラル対応を進め過ぎてグローバルマーケットで競争力が脆弱化することを回避できる。積極的姿勢をとることで、対応が早過ぎてしまった場合に不利益は出るが、楽観シナリオのときには大きなメリットが得られるというオプションバリューを買ったことになる。

●戦略指針b×悲観シナリオ

デカップリングシナリオや多極化シナリオと同様に、一挙にスピード感を落とすなどの対応で、デメリットをある程度抑制できる。

戦略指針cの評価

●戦略指針c × 楽観シナリオ

出遅れることによるデメリットが大きい。コンセンサス重視という日本社会の特性が影響し、従来路線を破棄してカーボンニュートラルへの取り組みを最大限加速するという意思決定を迅速にできずに、出遅れ感が増し、国際競争力を一挙に弱めてしまう可能性がある。

●戦略指針c × 中間シナリオ①デカップリング

自国がセカンドグループのスピード感で進んでいるため、セカンドグループでのビジネス機会にはアクセスできるが、ファーストグループである米国向けビジネスにはハンディが大きくなる。

●戦略指針c × 中間シナリオ②多極化

米中ともに、緩やかなスピード感でカーボンニュートラルに対応していくことが予想されるので、適度にアクセルやブレーキを使ってポジショニングを調整していくことにより、米中両マーケットへのアクセスを容易にできる可能性があり、ベストオプションになる。

●戦略指針c × 悲観シナリオ

過度にカーボンニュートラルへの取り組みをしなかったために、傷口は小さく、ベターなオプションをとったことになる。

戦略指針dの評価

●戦略指針d × 楽観シナリオ

出遅れることによるデメリットは甚大で、大きな出遅れから、国際競争力を一挙に弱めてしまうだろう。

●戦略指針d × 中間シナリオ①デカップリング、中間シナリオ②多極化

出遅れ感は出てしまうので、楽観シナリオの場合に比べればダメージは小さいものの、マイナスは大きい。

●戦略指針d × 悲観シナリオ

カーボンニュートラルへの取り組みに資源を割かなかったために、有利になってくる。その有利さを生かして国際競争力を強化し得るかもしれない。ただし、悲観シナリオの先

には、人類にとっての大きなチャレンジがある。より混沌とした世界が待ち受けている可能性が高く、従来とは全く別次元での不利益を覚悟することになるだろう。

日本政府と日本企業の方向性

日本が採るべきは「戦略指針b　積極対応＋スピード調整」

ここで、前掲の**図表1-7-1**に戻ると、いずれのシナリオでも上位のパフォーマンスを発揮できる戦略指針bが手堅い選択肢と言えそうだ。戦略指針cは、じっくりとカーボンニュートラルに取り組む指針であるため、社会、企業にとっての負荷は軽減されるが、世界の取り組みスピードが上がっていく場合、コンセンサス重視の我が国が迅速に方向転換してスピードを上げられるかが大きな懸念材料となる。その点、戦略指針bは、各国の取り組みが想定よりも遅い場合、スピードを落とせばいいので、難度は低いと思われる。よって、戦略指針bがベターな解だと考えられる。

ここまでは、日本という主語を使って、国、政府と企業の区分を曖昧にしてきたが、両者の立場やできることは異なるので分けて考えてみたい。

まず、カーボンニュートラルに関する制度を練り上げ、発信できる立場にある政府は、前述の戦略指針bを基本姿勢とし、欧州など積極姿勢をとる国々と協調しながらも、日本の独自の見解も整理して発信しつつ、政策を進めていくことがよさそうだ。実際には、日本政府は前述の戦略指針や想定シナリオについて分析や見解を示しているわけではない。国際交渉が絡む論点について腹の底を見せるはずはなく、また見せるべきでないが、これまでの取り組みや政策などを組み合わせて考えると、戦略指針bに近いかたちで運営しようとしていると思われる。

一方で、日本独自の見解や対案は、国際社会に向け提示すべきである。その点においては、次の3つの方向への「視点の拡大」が重要になってくるだろう。このような視点を織り込み、欧州中心に投げかけていくことが、楽観シナリオや中間シナリオ（デカップリング、多極化）において、より望ましい状態につながり得ると考えられる。

視点拡大①「ミクロの削減」から「マクロの削減」へ

これまで見てきたような、各国別・個社別に分解した排出量に着目し、排出削減すべき量に議論を集中させる進め方は、これだけを金科玉条として守ろうとすると、産業の空洞化を招きかねない。そうではなく、世界全体の排出を効率的に削減するために、日本国・日本企業が最も大きく貢献できる点について本質的な議論をし、それを世界に伝えていくべきである。

例えば、削減貢献の取り扱いにおいては、自社の排出量を数トン削減するより、新たなプロダクトを途上国で拡販することで数十トン削減することを、より高く評価するべきである。仮に、個社別に分解した削減排出量としてカウントすることが難しくても、別のかたちで企業に適切なインセンティブを与えれば全体最適につながるだろう。

視点拡大②「再生可能エネルギー」から「排出ゼロエネルギー」へ

再生可能エネルギーは、カーボンニュートラル推進のための最重要の要素であることは確かである。しかし、最終目的は再生可能エネルギーの導入ではなく、あくまでカーボンニュートラルの実現である。それが達成できれば、手段は再生可能エネルギーである必要はない。前述した通り、特に日本の場合、エネルギー構造転換は、国内の再エネ発電拡大ではなく、輸入水素の専焼や、高度なＣＣＳを備えたＬＮＧ火力になる可能性もある。こうした選択肢を、カーボンニュートラルの実現に結びつく選択肢として、排除しない枠組みを追求していく必要がある。

視点拡大③「先進国の脱炭素」から「世界の脱炭素」へ

先進国が率先してカーボンニュートラル化を進めるべきであることに議論の余地はないが、カーボンニュートラルは新興国も含めた世界全体で取り組まなければ達成できない。新興国に迎合する必要はないが、そうした国々を排除するような高いハードルを築いて反発を買うことは本末転倒である。漸進的なトランジションや必要な支援など、「新興国が受け入れられる」メニューも柔軟に備えたカーボンニュートラルのかたちを発信していく必要がある。

他方、日本企業の場合はどうか。基本は政府の方向感に合わせて、戦略指針bに沿って準備をしていくのがよさそうである。しかしながら、業種や状況によっては、チャレンジが極めて大きい場合や、後進グループに属する国々でのマーケット機会がより重要な場合、戦略指針bを選ぶデメリットは著しく大きくなる。

よって、個社レベルでは戦略指針bより戦略指針c寄りのスタンスをとりながら、政府やステークホルダーが求める制約条件をしっかりとフォローして対応を固める、という選択肢もあり得る。また、状況によっては、業界団体やコンソーシアムを通じ業界特有の対案を集約・提示し、政府と連携して戦略指針bの中での微調整を求めることも大切だ。

ただ、いずれの場合も従来とは異なる次元でカーボンニュートラルに向けた努力をせざるを得ないことに変わりはない。企業経営において、カーボンニュートラルに向けての努力は最も中核的なアジェンダになり、「カーボンニュートラル経営」に本格的にかじを切ることは避けられないということだ。

次の第2章では、「カーボンニュートラル経営」を実行するに当たって、実際にはどのようなアクションを起こし組織を動かしていくべきか、詳細について議論していきたい。

第 2 章

「カーボンニュートラル経営」とは

第1章でお示しした、カーボンニュートラル経営が喫緊の課題であるという私たちの見解をベースに、続く第2章では、企業の経営者・実務家の読者を対象に、実際に取るべきアクションについて論じたい。

2-1 企業は全体として何を行う必要があるか

第2章では、日本企業が何を行うべきかを具体的に論じたい。本節では、まず経営の視点から企業に必要な取り組みの全体像を示し、以降の節では、実務を意識して詳細に解説する。

カーボンニュートラル実現に向けた施策の全体像は、3つのステップ（「準備をする」「戦略を定める」「着実に推進し、成果を示す」）と、それらを分解した10の取り組みから成る（**図表2-1-1**、図中の①～⑩が取り組みを示す）。イメージを把握していただくために、まずはこの3ステップ、10の取り組みの概要を説明する。

ステップ1　準備をする

第一歩に当たるステップ1は「準備をする」ことである。つまり、以降の具体的な戦略策定や実行の前段階として、カーボンニュートラルの必要性や社内外の状況などを正しく理解し、見立てをつける（**図表2-1-2**）。

準備を整えるには、経営層も従業員も、カーボンニュートラルの必要性を深く理解し、健全な危機感を醸成することが不可欠である。よって、取り組みのスタートは「①全社の意識を統一する」こととなる。次に、必要な取り組みの幅や深さを検討するために、デジタルツールなどを活用して「②自社の排出の実態を把握する」。どのくらい、どこでCO_2を排出しているか分からないと

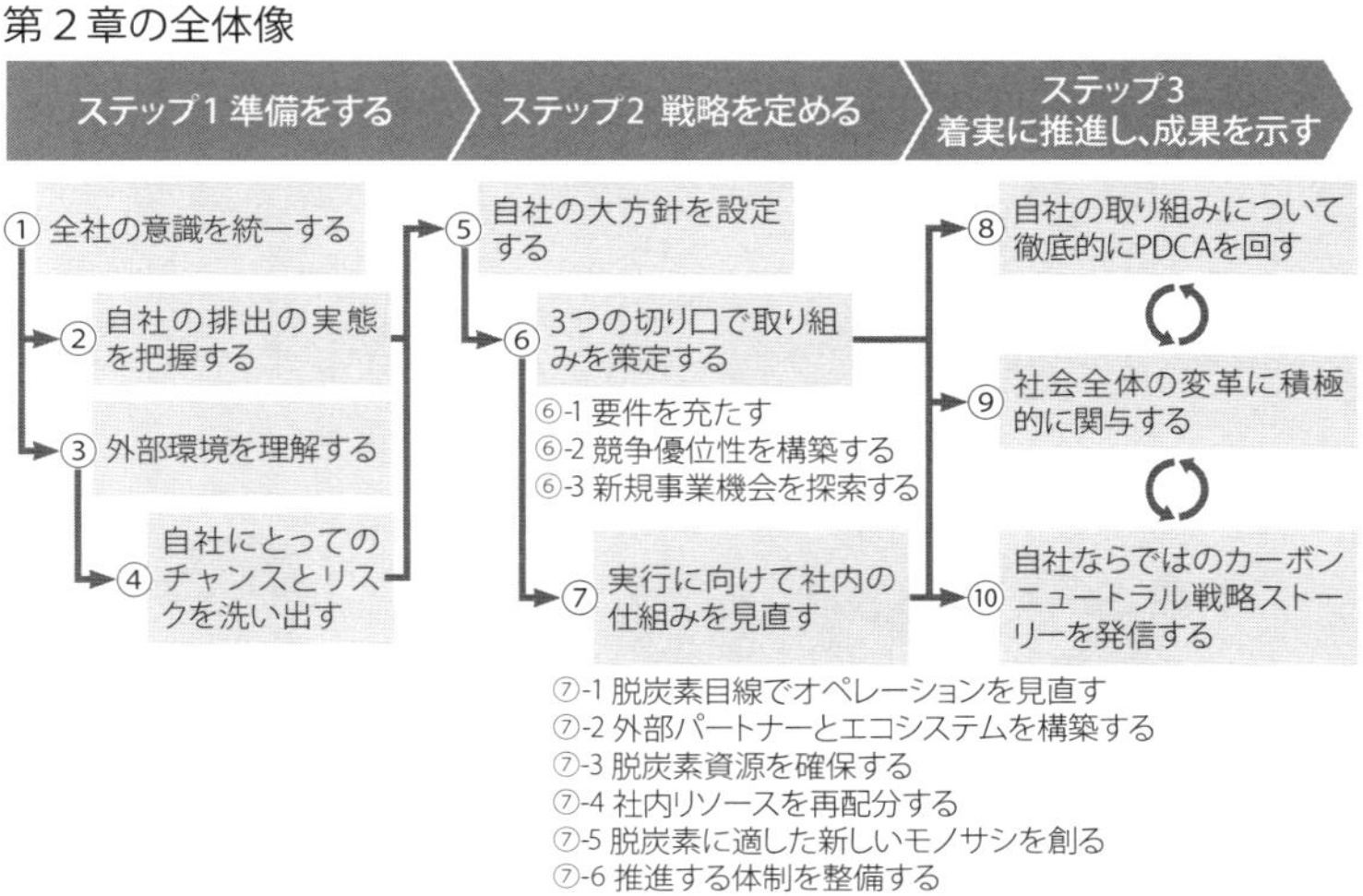

第2章の全体像
ステップ1 準備をする
ステップ2 戦略を定める
ステップ3 着実に推進し、成果を示す
① 全社の意識を統一する
② 自社の排出の実態を把握する
③ 外部環境を理解する
④ 自社にとってのチャンスとリスクを洗い出す
⑤ 自社の大方針を設定する
⑥ 3つの切り口で取り組みを策定する
⑥-1 要件を充たす
⑥-2 競争優位性を構築する
⑥-3 新規事業機会を探索する
⑦ 実行に向けて社内の仕組みを見直す
⑦-1 脱炭素目線でオペレーションを見直す
⑦-2 外部パートナーとエコシステムを構築する
⑦-3 脱炭素資源を確保する
⑦-4 社内リソースを再配分する
⑦-5 脱炭素に適した新しいモノサシを創る
⑦-6 推進する体制を整備する
⑧ 自社の取り組みについて徹底的にPDCAを回す
⑨ 社会全体の変革に積極的に関与する
⑩ 自社ならではのカーボンニュートラル戦略ストーリーを発信する

図表2-1-1　企業がカーボンニュートラル実現に向けて行うべきことの全体像
出所：ボストン コンサルティング グループ

検討が始まらないからだ。具体的には、見える化の4要素（算定、受け取り、集計、開示）を通じ、自社の事業全体における排出状況を把握する。その際、業界ごとの見える化の動きや、デジタルツールの活用、政府による支援策の利用も検討する。

併せて、温暖化に関連する環境の変化、および関連ステークホルダーの動きを含む「③外部環境を理解する」ことが必要となる。第1章でも述べた通り、カーボンニュートラルを巡っては不透明な要素が多く変化も激しいため、最新の動向と自社の置かれた環境を正しく理解できていないと、経営として自社への影響やリスクについて正しい判断ができなくなる。そのため、政府や各種規制、投資家、消費者、サプライチェー

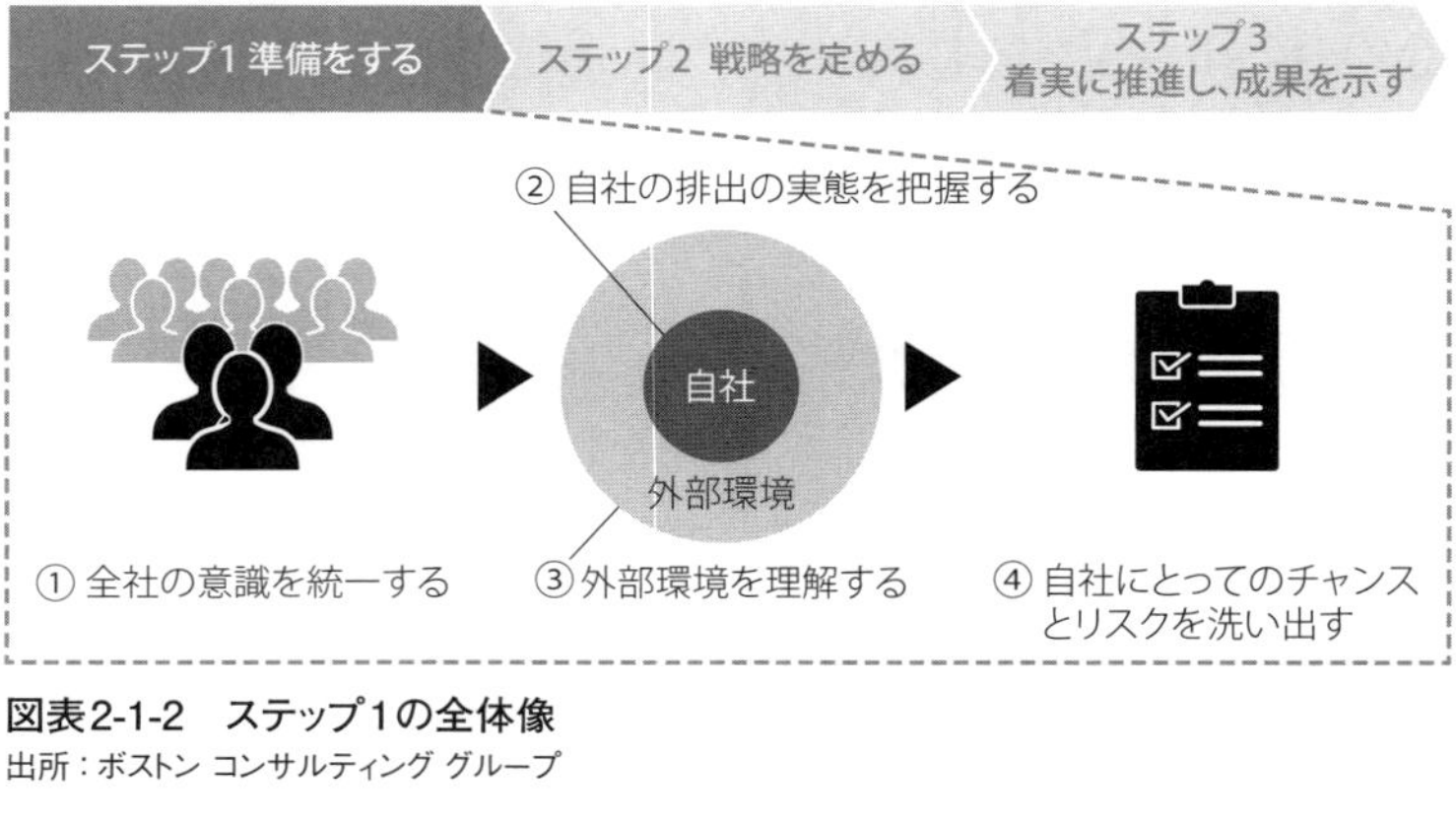
ステップ1 準備をする
ステップ2 戦略を定める
ステップ3
着実に推進し、成果を示す
② 自社の排出の実態を把握する
自社
外部環境
① 全社の意識を統一する
③ 外部環境を理解する
④ 自社にとってのチャンスとリスクを洗い出す

図表2-1-2　ステップ1の全体像
出所：ボストン コンサルティング グループ

ンの上流・下流の企業、競合企業、スタートアップ、技術進化など、相当に幅広い要素が関連することになる。

特に自社との関係が強い要素については、現状だけではなく中長期的な見通しも含めて理解する必要がある。カーボンニュートラル達成への道筋、スピード、2050年の電源構成などが自社の経営に大きな影響を及ぼすのであれば、複数の未来シナリオの策定が必要である。

その上で、②自社の排出実態の把握と③外部環境の理解を踏まえた、「④自社にとってのチャンスとリスクを洗い出す」ことが必要となる。カーボンニュートラルによってもたらされるチャンスとリスクは企業ごとに大きく異なるため、具体的な戦略を立てることを前提とした洗い出しが欠かせない。なお、気候変動に関わるリスクでは、災害の増加などの「物理的リスク」のみならず、規制や市場、技術、ステークホルダーの変化などによる「移行リスク」の検討も重要となる。

なお、コーポレートガバナンス・コードの改訂により、プライム市場*1の上場企業に対してはＴＣＦＤ（気候関連財務情報開示タスクフォース）の提言＊2、またはそれと同等の国際的枠組みに基づいた気候変動情報の分析・開示が求められるようになったことも踏まえると、ＴＣＦＤの提言で示されている項目や視点を参考にして洗い出しを行うことは急務となる。

＊1　2022年4月からの東証の新たな市場区分
＊2　G20の要請を受け、金融安定理事会（ＦＳＢ）により、気候関連の情報開示及び金融機関の対応をどのように行うかを検討するため、マイケル・ブルームバーグ氏を委員長として設立された「気候関連財務情報開示タスクフォース（Task Force on Climate-related Financial Disclosures）」（ＴＣＦＤコンソーシアム ウェブサイトより）

ステップ2　戦略を定める

次に、ステップ1の準備を踏まえ、具体的な「戦略を定める」必要がある。このステップでは、自社としてカーボンニュートラルにどう向き合うかという大方針を設定した上で、大方針実現のために必要な取り組みを策定し、その実行に向けて社内の仕組みを見直していく（**図表2-1-3**）。

このステップの出発点として、まずカーボンニュートラル実現に向けた「⑤自社の大方針を設定する」ことが必要である。このとき、「何年までに何％のCO_2を削減する」という数値目標から入るのではなく、「そもそもカーボンニュートラルを自社の経営の中でどう位置づけるのか」「一連の取り組みを通じて自社がどのような存在になることを目指すのか」から考えることが必要である。定量的な目標は、あくまでも目指す姿を決めた後についてくるものである。

また、大方針を考える上では、「要件を充たすためにCO_2削減を進める」という守りの観点だけではなく、「カーボンニュートラルを切り口に競争優位をどう築くか、新規事業にどうつなげる

ステップ2の全体像

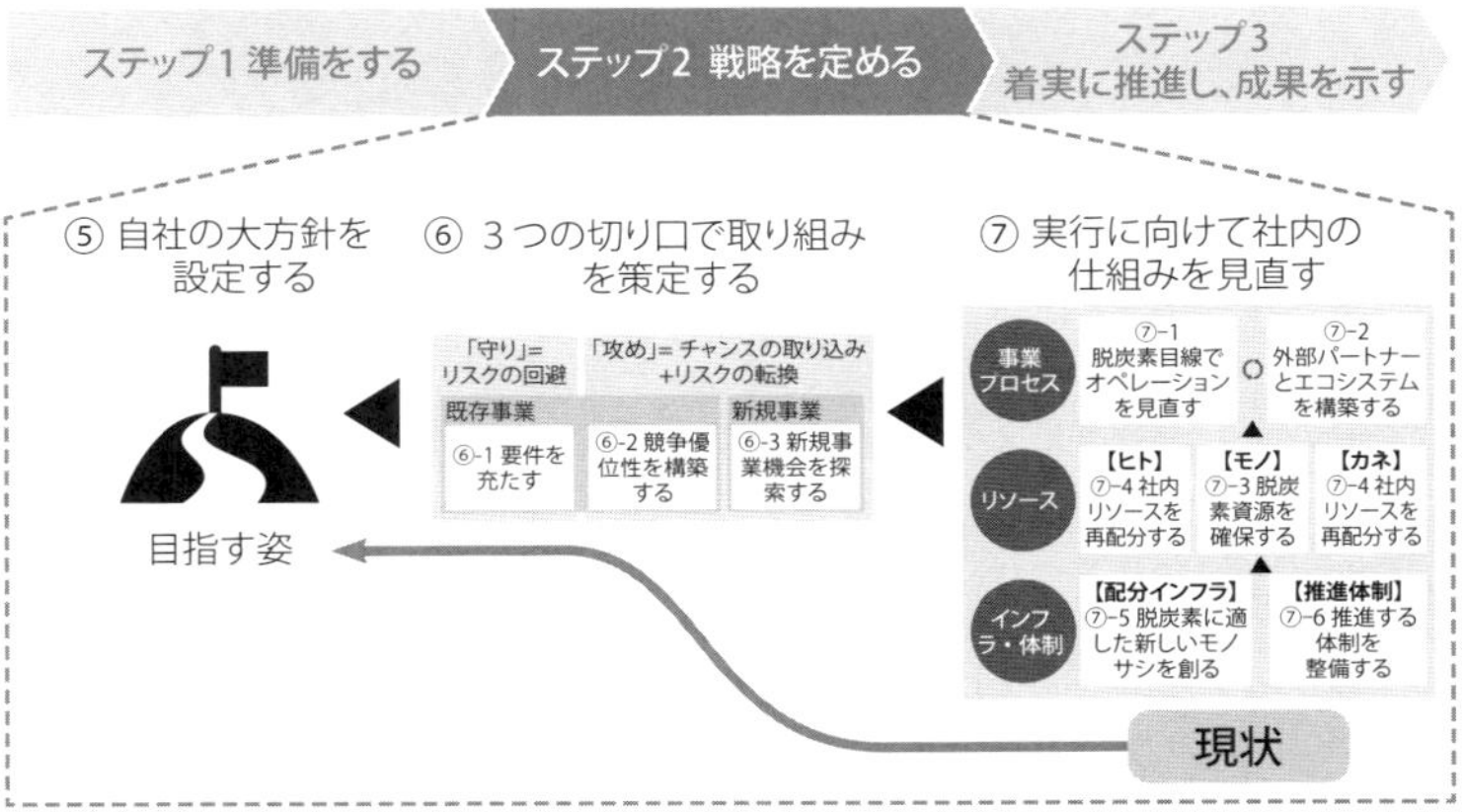

ステップ1 準備をする
ステップ2 戦略を定める
ステップ3 着実に推進し、成果を示す
⑤ 自社の大方針を設定する
⑥ 3つの切り口で取り組みを策定する
⑦ 実行に向けて社内の仕組みを見直す
目指す姿
「守り」=リスクの回避
「攻め」=チャンスの取り込み+リスクの転換
既存事業
新規事業
⑥-1 要件を充たす
⑥-2 競争優位性を構築する
⑥-3 新規事業機会を探索する
事業プロセス
⑦-1 脱炭素目線でオペレーションを見直す
⑦-2 外部パートナーとエコシステムを構築する
リソース
【ヒト】 ⑦-4 社内リソースを再配分する
【モノ】 ⑦-3 脱炭素資源を確保する
【カネ】 ⑦-4 社内リソースを再配分する
インフラ・体制
【配分インフラ】 ⑦-5 脱炭素に適した新しいモノサシを創る
【推進体制】 ⑦-6 推進する体制を整備する
現状

図表2-1-3　ステップ2の全体像
出所：ボストン コンサルティング グループ

か」という攻めの観点も意識することが重要である。

次に、前述の大方針を実現するために、「⑥3つの切り口で取り組みを策定する」ことが重要だ。カーボンニュートラルへの取り組みでは、守り（CO_2排出削減）と攻め（自社の成長戦略）の両方の観点から戦略を策定することが不可欠である。つまり、「既存事業で要件を充たす」「競争優位を構築する」「新規事業機会を探索する」という3つの切り口が重要である。

なお、守り（CO_2排出削減）の取り組みは一見粛々と進められるように感じられるかもしれないが、実は非常に困難である。なぜなら、対象となる排出量には、自社に加え調達先や顧客の排出するCO_2も含まれるためだ（自社外のサプライチェーンの排出は、スコープ3と呼ばれる）。

大方針や取り組み戦略が定まったら、次は取り組み戦略を実行に移すために、事業プロセス、リソース、インフラ・体制という3つのレイヤーで「⑦実行に向けて社内の仕組みを見直す」。これには、具体的には、オペレーションの見直し（事業プロセスのレイヤー）、脱炭素資源の確保（リソースのレイヤー）、社内意思決定に用いる脱炭素経営に向けた新しいモノサシの創造（インフラ・体制のレイヤー）などが含まれる。

ステップ3　着実に推進し、成果を示す

最後に、ステップ2で定めた戦略を「着実に推進し、成果を示す」（図表2-1-4）。まずは自社内で徹底して取り組みを進めることが必要だが、加えて、社会全体の変革に積極的に関与することや、成果を戦略的に外部のステークホルダーに伝えることも重要である。

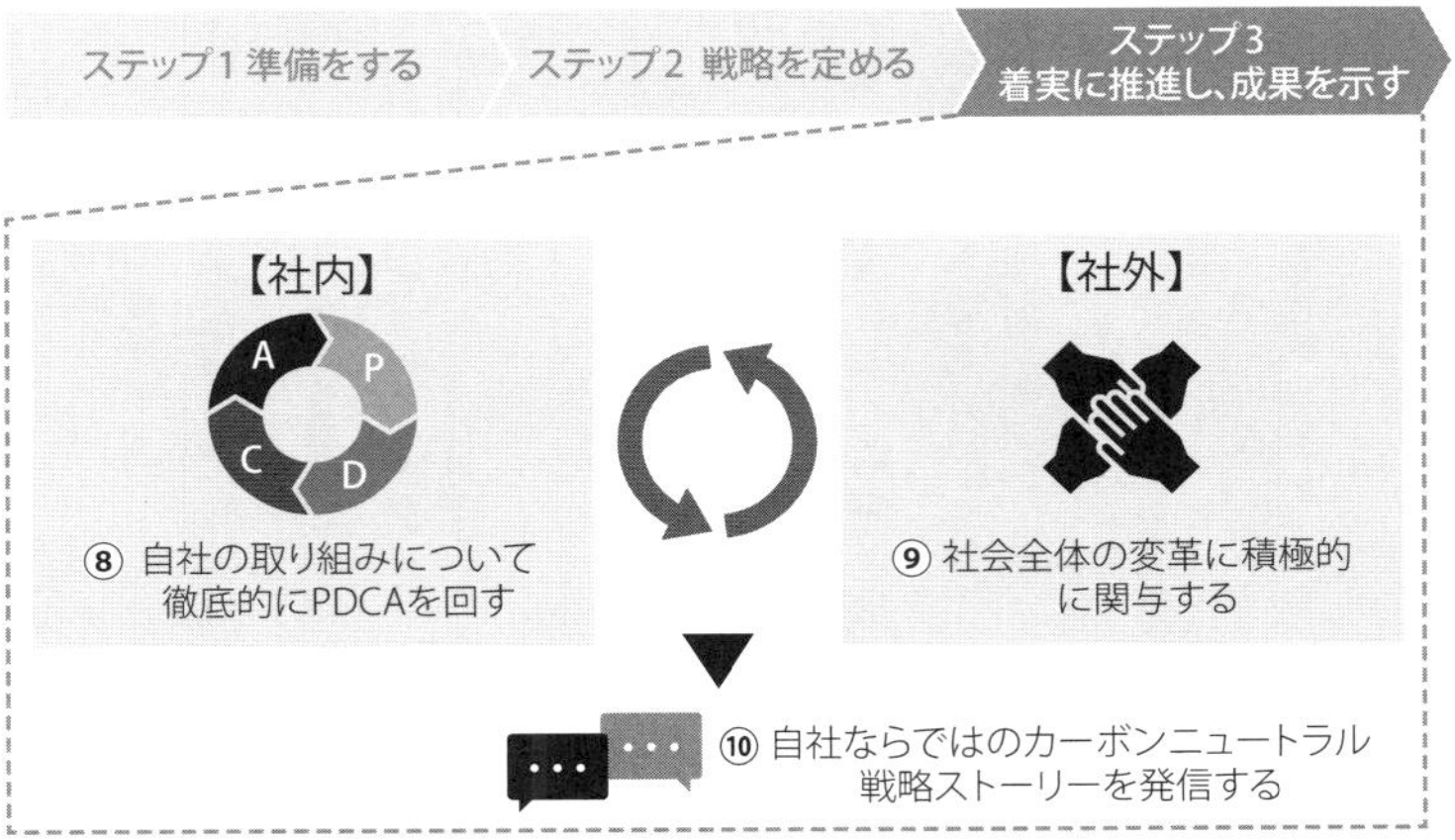

ステップ1 準備をする
ステップ2 戦略を定める
ステップ3
着実に推進し、成果を示す
【社内】
A
P
C
D
⑧ 自社の取り組みについて
徹底的にPDCAを回す
【社外】
⑨ 社会全体の変革に積極的
に関与する
⑩ 自社ならではのカーボンニュートラル
戦略ストーリーを発信する

図表2-1-4　ステップ3の全体像
出所：ボストン コンサルティング グループ

まずは、「⑧自社の取り組みについて徹底的にPDCAを回す」ことが重要となる。カーボンニュートラルに向けての取り組みには未知なところが多い上に難度が高く、設定された目標を達成することは通常の場合に増して難しい。通常以上に徹底的にPDCAを回す必要がある。それには強いPMO（プロジェクトマネジメントオフィス）の設置、トップマネジメントの強い関与、意欲的かつ定量定期の目標設定、短サイクル、より攻めの施策に重きを置くこと、などが必要となる。

その上で、自社が活躍しやすい環境をつくり出すことを念頭に置いて、企業の枠を超えて「⑨社会全体の変革に積極的に関与する」ことが重要である。決まったルールにどう対応するかではなく、社会の構想、仕組みづくりなど、ルールをつくる側に積極的に関与することが、自社の競争優位性にもつながることを意識すべきである。

これらの取り組みは各ステークホルダーに届かなければ結局社外からは評価されず、ひいては取り組みの成果につながらない。ゆえに、「⑩自社ならではのカーボンニュートラル戦略ストーリーを発信する」ことを検討しなければならない。経営者の方々からは、「中長期を見据えて行うべき投資や取り組みを実行しても、短期的に収益を押し下げることなると、投資家や資本市場からは評価されない」という嘆きの声をよく聞く。

一方で、資本市場側からは、「評価していないのではなく、意図や狙いとその進捗が見えづらいので評価のしようがない」というコメントも聞かれる。そのため、カーボンニュートラルへの取り組みを一連の整合性があるストーリーとして発信することが重要になる。さらに、評価機関の癖・評価基準を理解した上で、戦略的な視点で内容や方法を練り上げて発信することも検討したい。

カーボンニュートラル対応は、やるべきことが多く複雑で、全貌が見えにくいことから、非常に取り組みづらいものに思える。容易ではないことは事実だが、このように分解してみれば、一つひとつの事項を着実にこなすことで、適切な対応をとることは十分に可能であることが分かる。

2-2 ステップ1　準備をする

ここからは、実務を見据えて、先進事例も織り交ぜながら取り組み内容を具体的に説明する。まずは、戦略策定や実行の前段階として、カーボンニュートラルの必要性や社内外の状況などを正しく理解し、見立てをつける。本節（ステップ1）では、この準備を行う中で必要な4つの取り組みを紹介する（**図表2-2-1、図表2-1-2**再掲）。

①全社の意識を統一する

カーボンニュートラルに向けた取り組みの必

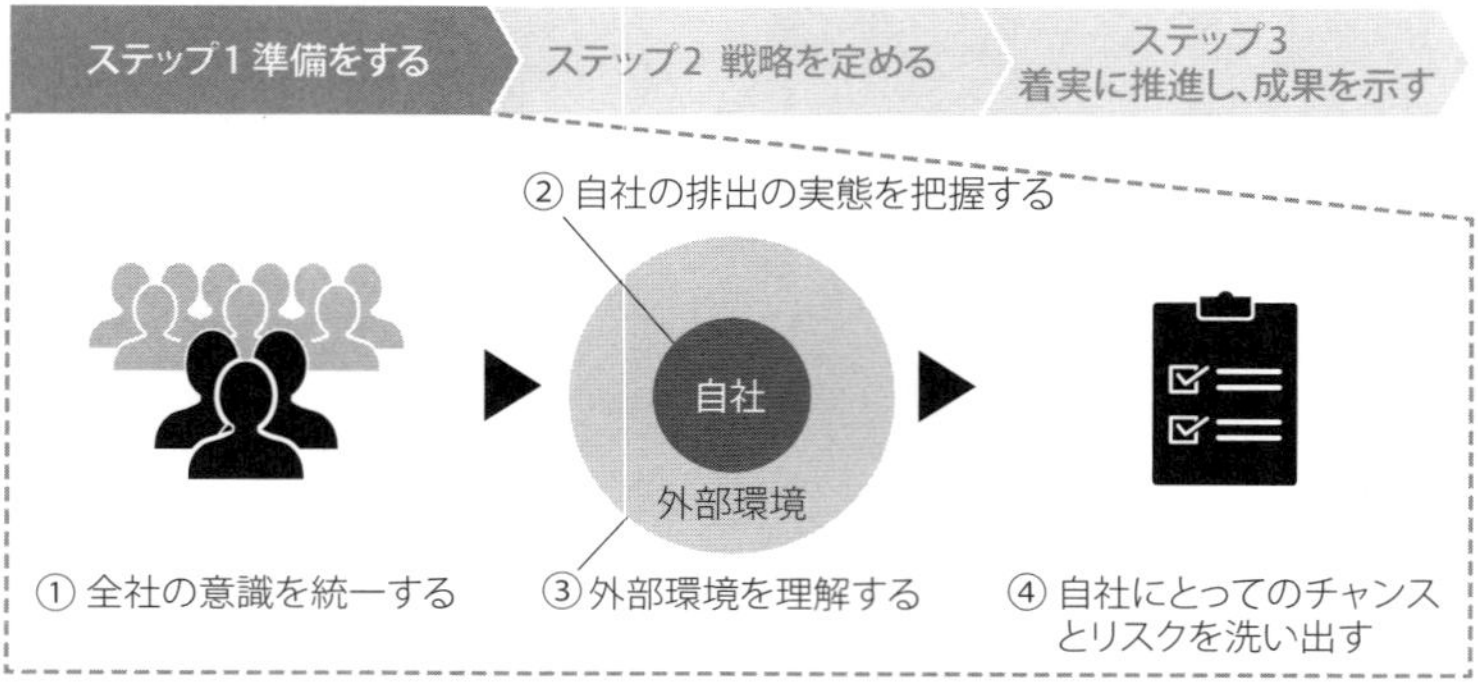

ステップ1 準備をする
ステップ2 戦略を定める
ステップ3
着実に推進し、成果を示す
② 自社の排出の実態を把握する
自社
外部環境
① 全社の意識を統一する
③ 外部環境を理解する
④ 自社にとってのチャンスとリスクを洗い出す

図表2-2-1　ステップ1の全体像（図表2-1-2再掲）
出所：ボストン コンサルティング グループ

要性は第1章で述べた通りだが、実際に企業が取り組みを推進するに当たっては、経営層から従業員のレベルまで全社共通の危機感、必要性の認識を醸成することが不可欠である。経営層のコミットメントは当然ながら必要だが、その上でコーポレート部門だけが旗振りをしても、事業部門が動かなければ実効性ある取り組みにならない。また、従業員全体が必要性を深く自覚しなければ、日々の行動に反映されず、結果、取り組みの推進につながらない。第一歩として、「経営層の意識改革」「各部門の巻き込み」「従業員のエンゲージメント強化」を通じて、カーボンニュートラル推進に向けた全社の意識を統一することが求められる。

経営層の意識改革

「経営層の意識改革」に向けては、カーボンニュートラルが企業経営において極めて重要なテーマであることを、経営層で共有し議論する機会を持つことが第一歩となる。筆者らはカーボンニュートラルについて多くの企業の経営層と議論する機会をいただくが、その経験からも、経営層全体が同じレベルでカーボンニュートラルについて理解し、必要性を認識していることは必ずしも多くなく、理解や認識の度合いが低い役員の管掌する部門では、結果として取り組みが不十分になったり遅れたりする恐れもある。そのためにも、全経営層での理解・認識レベルを合わせることが重要である。

考えられる施策としては、経営会議などにおけるこのテーマについての議論に加え、外部の識者を招いたワークショップの開催や外部のセミナーへの参加などがある。いずれにしても、経営層一人ひとりが、自分ごととして考える機会をつくることが重要である。

各部門の巻き込み、従業員のエンゲージメント強化

次に、コーポレート部門だけでなく、事業部門も含めて問題意識を共有することが必要となる。コーポレート部門は対外的な発信をする機会も多く比較的意識は高いが、事業部門は「今やっていること」「この先に計画していること」への阻害要因になりかねないと感じ、カーボンニュートラルのための取り組みをできる限り先送りし、負担の少ないもので済まそうとする意識が働きやすい。特に、カーボンニュートラルを単なる温暖化対策と捉えている場合はその傾向が強い。それ以外にも、本社と欧米以外の現地法人との間で温度差が生じることなどもあり得る。これは、新興国ではカーボンニュートラルよりも経済成長への志向が強いことが影響している。

こうした状況を乗り越えるための工夫として、従業員のエンゲージメント強化を図り、情報格差を埋める方策が求められる。

例えば、体系的な目標を定めて現場に浸透させることで、経営層から現場まで意識を統一させて従業員のエンゲージメント強化を実現する、というやり方が考えられる。オランダのユニリーバは、「サステナビリティを暮らしの〝あたりまえ〟に」というシンプルかつ明快なパーパスを設定した上で、ユニリーバ・サステナブル・リビングプラン(USLP)という全社計画を設定した。これは、「環境負荷を削減し、社会に良い影響を与えながら事業規模を2倍にする」ことを目指し、2020年に向けて3つの大目標(「衛生習慣を10億人以上に広める」「環境負荷を半減」「数百万人の暮らしの向上を支援」)を達成するというものだ。こうした目標に貢献することで社内からの称賛を得られるような企業文化が醸成され、金銭やキャリアでなく高い目的意識を原動力に動く風土への変革が実現できる。

身近なところからスタートすることが成功の秘訣となった企業もある。フランスのBNPパリバは「グリーン・カンパニー・フォー・エンプロイー」というプログラムを通じて従業員に対するサステナブルな移動の奨励や、オフィスでの使い捨てプラスチック排除を進め、環境負荷削減に向けた意識啓発を行っている。また、気候変動に起因する環境、金融、社会問題への意識を高めるために、世界中の20万人の全従業員を対象とした社内トレーニングプログラム「We Engage」を開始した。ビデオプレゼンテーションとその後の簡単なクイズで構成された取り組みやすい方法で、ＥＳＧ基準の投資への統合、金融包摂のサポート、マイクロファイナンス機関、グリーンボンド、社会経済と連帯経済のサポートなどの持続可能な金融に関連する複数のトピックについてトレーニングしている。

このように、先行企業のアプローチは様々である。重要なのは、経営層の中での共有・議論を通じたコミットメントの醸成に加えて、部門や階層を超え、全社員に対してカーボンニュートラルに取り組む意義・必要性、自社の実態、取り組みの方向性、それを推進するための仕組み、経営層の強い意気込みなどを示すことである。それにより、経営層にとどまらず、各部門・全社員の間でのコンセンサスをつくり、社を挙げてカーボンニュートラル達成に向けた機運を高めることが可能になる。これらの取り組みを参考に社員全体で問題意識を共有・議論する機会を設けてはどうだろうか。

②自社の排出の実態を把握する

自社のCO_2排出の実態把握は、ステップ2を進める上で非常に重要な要素となる（**図表2-2-2**）。この項では、まず、そもそもCO_2排出の見える化について誰から何を求められているのかを確認し（②-(1)）、見える化の方法を4つの要素に分けて解説する（②-(2)）。さらに、自社だけで見える化をやり切るのは難しいため、デジタル、政府、業界などを通じた見える化支援を紹介したい（②-(3)）。最後に、関連する動きについて、今後の展望を紹介する（②-(4)）。

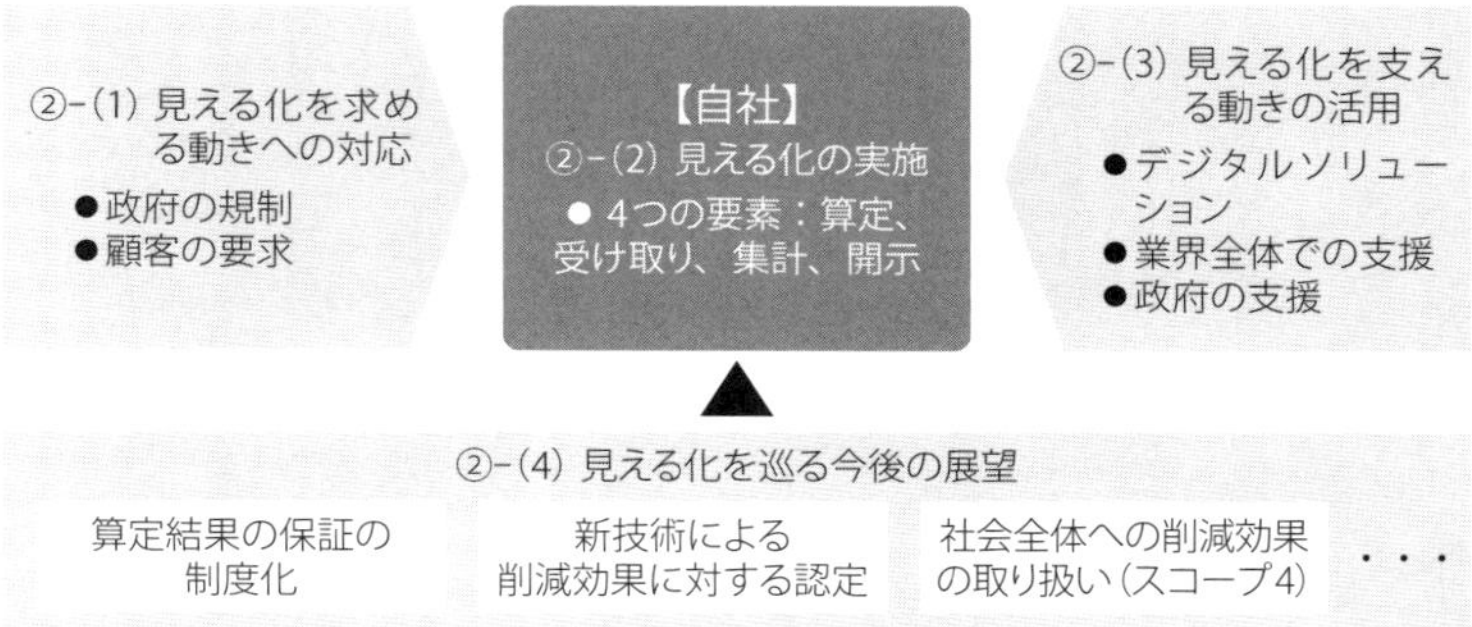

図表2-2-2 「②自社の排出の実態を把握する」の全体像
出所：ボストン コンサルティング グループ

②-(1)　見える化を求める動きへの対応

先進国をはじめとする主要国はカーボンニュートラルの達成を宣言しており、国内・域内で活動する企業に対しても、CO_2排出量の削減の第一歩として、その見える化を求め始めている。加えて、EUでは、域外から持ち込まれる製品に対する徹底した見える化を求める国境炭素調整措置（CBAM）や、ライフサイクル全体での見える化を求めるLCA規制を導入し始めている。

これに加え、顧客側からの動きも強まっている。近年認定を獲得する企業が増加しつつあるSBT（科学に基づく削減目標）においては、「スコープ1」（生産活動における化石燃料の消費など自社の活動に伴うCO_2排出量）、「スコープ2」（自社が調達した電力などのエネルギーを生み出すためのCO_2排出量）、のみならず、「スコープ3」として自社外であってもサプライチェーン企業や顧客のCO_2排出量（原材料までさかのぼった調達先におけるCO_2排出や、販売後の顧客の自社製品・サービスの利用に伴うCO_2排出など）までも削減が求められている。

そのため、近年は顧客企業から製品納入の条件として自社製品の一連のCO_2排出量の見える化（＋見える化に続いて、当然排出の削減も）を求められるケースが増えている。その要望に対応できなければ取引機会の喪失のリスクともなる。

●国境炭素調整措置（CBAM）とLCA規制

国境炭素調整措置（CBAM）とは、鉄、アルミニウムなど指定された物品をEU域外から域内に輸入する事業者に対して、その製品の製造に伴って排出されたGHGの量を把握し、その量に応じてEU当局から排出枠の購入を義務づける措置である（**図表2-2-3**）。LCA規制とは、原料の調達から製品の使用、破棄の段階に至るまで、ライフサイクルでの排出量を規制するもので、主なものに、EV（電気自動車）などで需要が増加すると見込まれるバッテリーに関する「バッテリー規制」がある。バッテリー使用に伴う排出量（電化製品のエネルギー効率や車の排気量など）は以

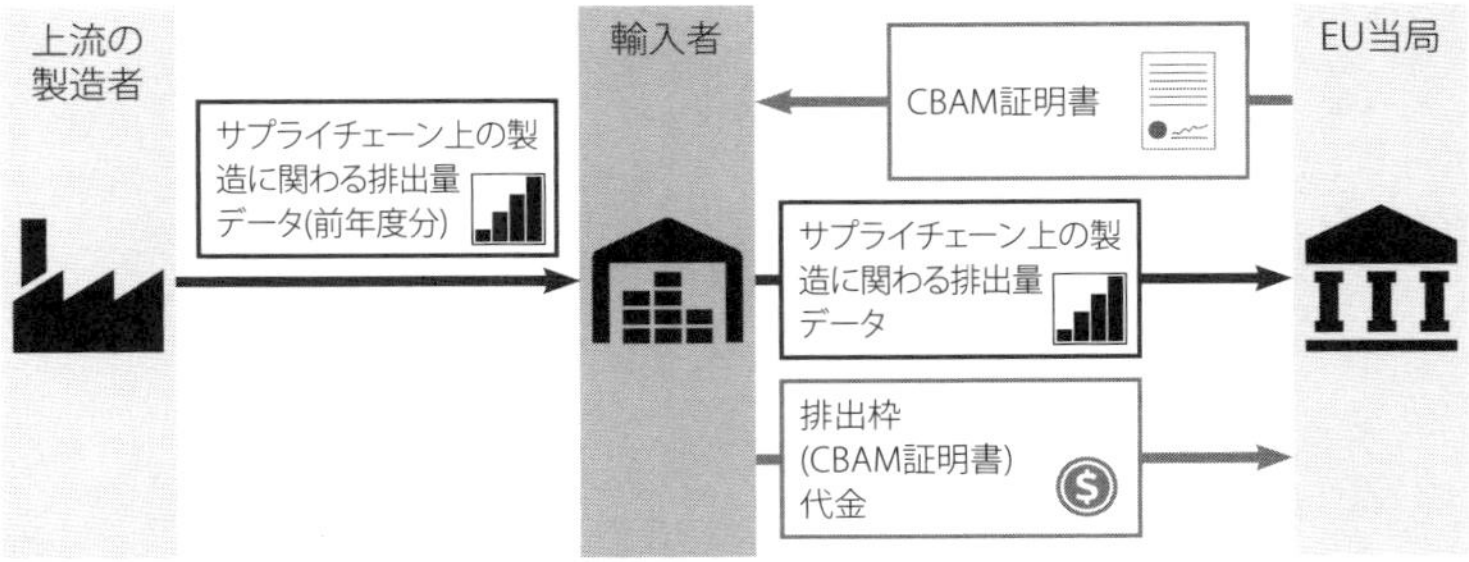

図表2-2-3　EUによる国境炭素調整措置（CBAM）
出所：EU発表テキストを基にボストン コンサルティング グループ作成

前から規制されることがあったが、その規制が製造なども含めたライフサイクル全体に及ぶようになってきている。

●顧客企業から見える化が求められている例

自社のスコープ1／2のCO_2排出量は、調達先や顧客企業にとってのスコープ3に当たるため、それらの企業がスコープ3の実態や削減状況を把握しようとするとき、自社の排出量見える化が求められることになる。

特に、自社製品の納入先がカーボンニュートラルに積極的な企業であればあるほど、CO_2排出の見える化とその削減を厳しく求められる。アップルが自社のサプライヤーに対して100％再生可能エネルギーに基づく製造を求めているのはその顕著な例だ。対応できないサプライヤーは結果的に取引を失うだろう。他にも、自社と同様にSBT認定を取得することを取引条件として求める動きは広がりつつある。AT&T、ヒューレット・パッカード、ターゲットなど多くの企業で、主な調達先に対して同様の取り組みが検討され、実施に移されている。

②-(2) 見える化の実施

CO_2排出量の見える化として「やるべきこと」には、大きく4つの要素（「算定」「受け取り」「集計」「開示」）がある（**図表2-2-4**）。

「見える化1　算定」では、自社の企業活動における排出量（スコープ1／2に相当）を算定する。

「見える化2　受け取り」では、サプライヤーから調達した製品・サービスにかかるCO_2排出量の情報や、顧客企業から自社製品やサービスの利用・廃棄に伴うCO_2排出量の情報を受け取る。主な領域については実データを入手することが望ましいが、入手できない場合や足りない部分は、各種データ

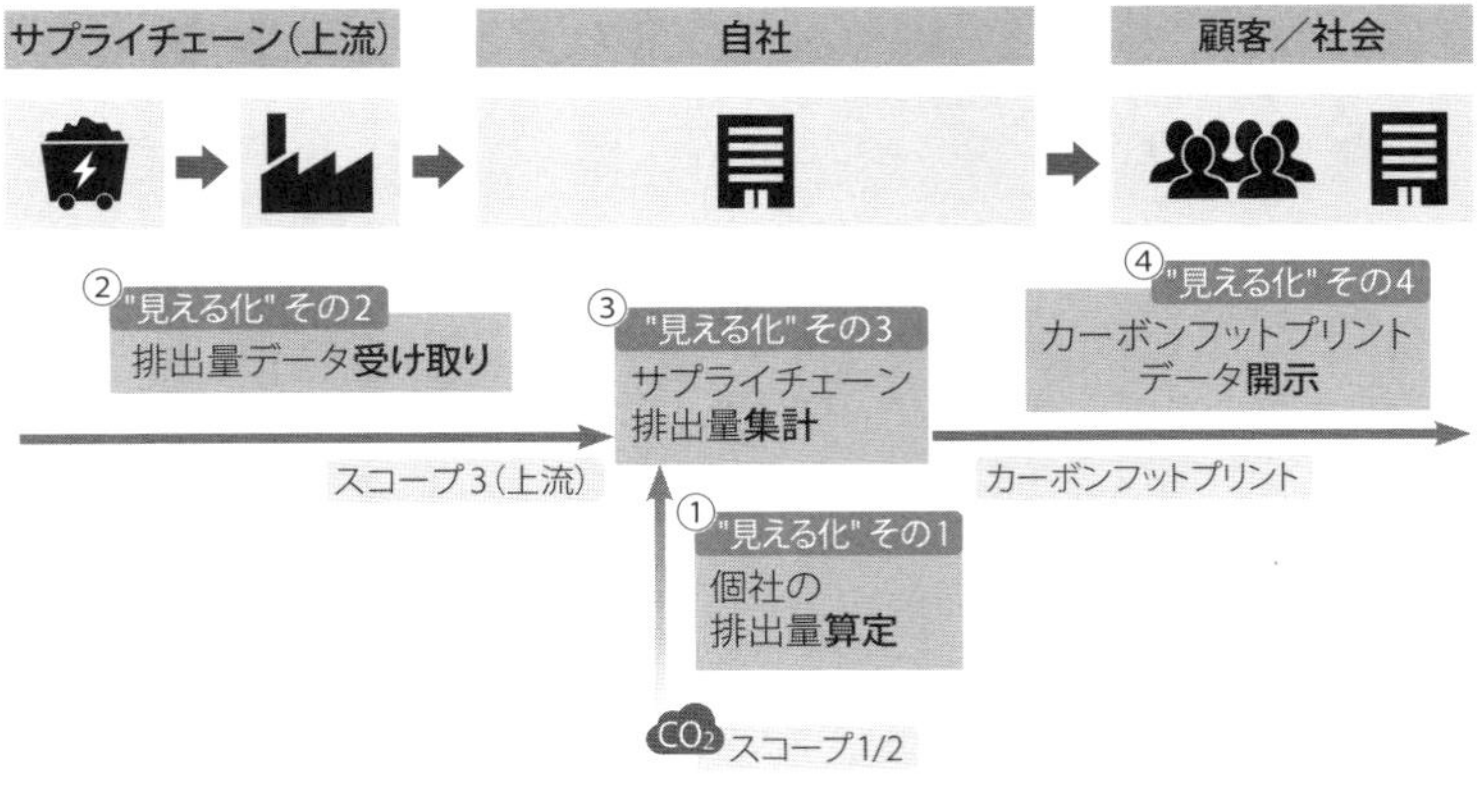

図表2-2-4　見える化の4要素
出所：ボストン コンサルティング グループ

ベースで一般的な数値を入手し、デジタルソリューションなどを活用しつつ補完・推計する。

「見える化3　集計」では、自社で算定したデータと、サプライヤー・顧客から受け取ったデータを集計する。

「見える化4　開示」では、集計結果を政府・調達先・顧客企業・消費者などに開示する。

これらについては、環境省のガイドラインなど参考にできる資料もあり、構えずにまずは着手してみることが重要である。

なお、CO_2は目に見えるものではなく、科学的に排出量を測定するのは、実務上、現実的ではない。CO_2排出の見える化では、物理的にCO_2の量を計測することは極めてまれで、ほとんどの場合は一定のロジックに基づき推定している。そのため、推計の精度については常に議論があることは理解しておく必要がある。

●見える化における2つのトレンド

前述のEUなどにおける規制面の強化の影響や、顧客や消費者の間で購入製品のカーボンフットプリント（その物品のために排出されるCO_2量）に対する関心が高まっていることにより、企業に求められる排出量の見える化のレベルが格段に高まっていることに注意が必要だ。大きな変化として2つの厳格化のトレンドを理解する必要がある。

1つ目は、「企業全体の排出量ではなく、個別製品ごとの排出量」を把握する必要が出てきていることだ。自社製品が他社にとってのスコープ3の対象になることからも、製品やサービスごとの排出量を明らかにする必要がある。

2つ目は、データベースの「産業平均値」を用いて排出量を推計するのではなく、サプライヤーの排出実績データを取得して「自社のサプライチェーン固有の排出量」を把握する必要が出てきていることだ。

従来は、社内の排出量の算出は独自に行う必要があっても、情報量や技術的な制約から、サプライチェーンの排出量は推計に頼ることが許容されていた。しかし、その方法では、本来の意味での排出量の評価は困難である。

例えば、企業全体の排出量が判明しても、同業種の企業間でも規模や製品ポートフォリオが異なれば排出量の多寡の横比較はできない。また、サプライチェーンの排出量を「産業平均値」で推計していては、サプライチェーンの排出量が少ないのか、多いのか、各企業の差異が分からない。

現状では、国内外を問わず排出量の見える化に取り組んでいる企業は、企業単位（あるいは主要事業所単位）で見える化を実施し、サプライチェーンについては推計値で代替するケースがほとんどだ。ただし、欧米の一部先進企業は、個社として可能な範囲で見える化のレベルアップを進めつつ、個社では乗り越えられない制約を突破するために、産業界全体としての仕組みの整備を進めている。

●見える化への取り組みの先進事例

かなり高いハードルと感じられるかもしれないが、実は欧州では、個別の製品レベルで排出量を開示する企業がある。例えば、スイスに本拠を置く世界最大の食品包装事業者テトラパックは、英国政府が出資して設立されたカーボントラストの支援により、国際基準に則って、製品ごとのカーボンフットプリントを算出する方法を開発した。販売されている同社製品にはカーボントラストの「フットプリントトラベル」が貼られ、独立した認証を受けていることを示している。

Ｂ２Ｂ（企業間取引）でも似た例がある。ドイツの総合化学メーカーＢＡＳＦは、全４万５０００製品について、原料の調達から生産工程におけるエネルギーの使用、さらにはＢＡＳＦ製品が工場から顧客の手元に出荷されるまでに発生する製品に関連したすべてのＧＨＧ排出量で構成された、「製品カーボンフットプリント」（Product Carbon Footprint：ＰＣＦ）の合計値を顧客に提供している。

残念ながら日本の動きは遅れており、一部の企業がようやく検討を始めたところである。日本でも国内外を問わず、企業間の連携などにより見える化の仕組みをつくっていくことが必要となる。

②-(3) 見える化を支える動きの活用

自社の見える化を進めようとすると、製品単位での排出量計算の一貫した方法論の欠如や、正確な検証済み一次データの不足、組織間での排出量データ交換の制約、といった壁に突き当たり、やりたくてもできないという声もよく聞く。足りないデータの補完・推計を行うための施策として、「デジタルソリューションの活用」「業界単位での連携模索」、さらには「政府による支援策の活用」などが考えられる。

●デジタルソリューションの活用

自社だけでスコープ3も含めた見える化が難しい場合、関連データによる補完を提供してくれる企業との連携を通じ、簡易的に自社の見える化を実現することができる。昨今、こうしたサプライチェーンの見える化を支援するデジタルソリューションプレーヤーも台頭している。

例えば、パナソニックはサプライチェーンマネジメント・ソリューション大手、ブルーヨンダーの買収を通じ、この分野のビジネスに本格参入した。ドイツ・ソフトウエア大手のSAPも、気候変動対策に大きな商機があると見込み、GHGの排出量の見える化ソリューションを大幅に強化している。また、BCGでもAIを活用したCO_2可視化ソリューションを開発・提供している。

これらのサービスは、サプライヤーとのデータ連携、社内情報の統合、可視化後のビジネスとしての打ち手の分析など、それぞれ独自色を出しつつ展開されている。

●業界単位での連携を模索

業界単位での連携を通じて見える化を支援する動きも見られる。ドイツの自動車業界で始まったCatena-Xはその代表例と言える（**図表2-2-5**）。

自動車産業

完成車・部品メーカー
- Bayerische Motoren Werke AG (BMW)
- Mercedes-Benz AG
- Volkswagen
- ZFFriedrichshafen AG
- Schaeffler AG
- Robert Bosch GmbH

中小企業
- up2parts GmbH
- K.a.p.u.t.t. GmbH
- Coating & Converting Technologies, LLC
- GRIS GROUP
- LRP-Autorecycling Chemnitz GmbH
- mipart

素材メーカー
- Henkel AG & Co. KGaA
- BASF SE

DX

インダストリーX など
- Siemens AG
- DMG Mori Co.Ltd
- TRUMPFGmbH + Co. KG
- BigchainDB GmbH
- German Edge Cloud
- t-mobile.com

データ プラットフォーム
- SAP SE
- SupplyOnAG
- Fetch.ai

関連団体

業界団体
- ADAC
- ARENA2036 E.V.

アカデミア
- Fraunhofer Society
- German Aerospace Center

図表2-2-5　Catena-Xの参画プレーヤー一覧

出所：各種公開資料とインタビューに基づいてボストン コンサルティング グループ作成

Catena-XはＢＭＷなどの完成車メーカーを中心に、部品メーカー、製造ソリューション、ＩＴ企業など26社が参画する企業連合である。２０２１年3月から、自動車業界のバリューチェーン全体で情報およびデータを共有するために、統一の標準規格やインフラの策定の検討が開始されている。この連携のポイントは、自動車のバリューチェーンに沿って、中小企業も含めたアライアンスを構築したことである。背景には、ドイツの自動車産業がデータとＡＩの協調的な活用を通じて、競争優位性を築く戦略をとっていることがある。

また、持続可能な開発を目指す企業２００社が参加する経営者団体ＷＢＣＳＤ＊は、その取り組みの一環としてスコープ3を含むバリューチェーン上の排出量をより正確、かつ詳細に把握することを目指して「The Value Chain Carbon Transparency Pathfinder」と名付けたイニシアティブを立ち上げている。当初は非耐久消費財を対象としていたが、現在は対象業界を広げている。この中では、ＣＯＰ26に向けた機運を活用しつつ、一貫性のある方法論と技術的にオープンなインフラを基盤とした炭素排出情報交換ネットワークの構築を推進している。

＊　ＷＢＣＳＤ（World Business Council for Sustainable Development：持続可能な開発のための世界経済人会議）

国内では、トヨタ自動車が供給網全体のCO_2排出量の見える化を推進すると報道されている。同社は既に主な1次取引先についてはCO2排出量の総量を把握してきたが、裾野が広い自動車産業の特徴を踏まえ、2次取引先以下を含めた全体の把握を行わなければ、自社および関連サプライヤーにとっても有効ではないと考えている。そのため、1次取引先に2次取引先以下の把握を求めており、さらに対応を一元管理できるよう2021年6月に社内に脱炭素を推進する「カーボンニュートラル先行開発センター」を新設したという*。

＊ 日本経済新聞2021年6月3日「トヨタ、供給網の排出量を見える化 21年夏めど」

●政府による支援の活用

なお、海外には、政府が見える化を手厚く支援している例も見受けられる（**図表2-2-6**）。先に触れたカーボントラストは、英国政府が全額出資して設立した政府系企業で、民間企業のCO_2排出量可視化などの気候変動対策を支援している。テトラパックが同社の支援を受けていることは紹介した通りだが、その他にも、製薬大手のグラクソ・スミスクラインは、カーボントラストの支援を受け、自社のバリューチェーン上の排出量を分析。排出量が多く重点的に対策が必要な箇所を特定した上で、排出削減対策を実施している。このように、世界的な大企業による先進的なモデルケースへの支援を行っていることは、同社の一つの特徴である。

②-(4) 見える化を巡る今後の展望

●国際的な枠組みにおける採用データの厳密化

CO_2排出量の見える化の仕組みは、現時点では整備途上であり、課題もある。まず、求められる可視化の水準や厳密性はSBTやCDPなどの排出開示・削減スキームにおいては、曖昧さを残したかたちで定められている。SBTでは、スコープ3に関し1次データ（サプライヤーから取得する実績データ）の利用を努力義務と定め

	日本で実施されていない政府支援策例		（参考）日本政府の取り組み
	米国	英国	
ⓐ標準の策定	―	大企業のみならず、中小企業向けの算定ガイドラインも提供	一般的な算定ガイドラインはあるが、中小企業向けはなし
ⓑ海外との連携支援	―	―	実施なし
ⓒ診断ツール提供	中小企業が直感操作できるWeb媒体の排出量算定ツールを提供	―	Excelベースの簡易なものや地球温暖化対策推進法の報告用のツールは提供
ⓓ情報共有プラットフォームの補助	サプライヤーも巻き込んだネットワークの形成を支援	―	取り組みに熱心な大企業が中心（グリーンバリューチェーンプラットフォーム）
ⓔツール導入補助	気候変動で優秀な企業を表彰し、各社の取り組みを支援	政府が専門非営利企業を設立し、各社の取り組みを支援	算定に関する質問を受け付けるコールセンターを設置

図表2-2-6　政府による見える化支援の状況
出所：各種公表資料よりボストン コンサルティング グループ作成

ているが、2次データ（データベースから取得する産業平均値）の利用も許容している。CDPではスコープ3に関しては、より質の高い1次データの利用を推奨している。スコープ3に占める1次データの割合を回答する必要があるが、1次データは収集しにくくコストもかかるため、2次データの利用も許可している。

ただし、製品ごとのカーボンフットプリントを正しく算出していくためには1次データの活用は極めて重要であり、今後厳格化される可能性は十分考えられるので注視が必要だ。

●企業の提出内容を保証する仕組みの整備

次に、各企業が開示するCO_2排出量などのESG情報の適切性の保証の問題がある。この点については、SBT、CDPともに第三者保証の義務づけはない。ただし、年々その適切性を問う声が高まっているため、各企業が開示する自社のCO_2排出量に対して、その適切性を保証するサービスも登場し、利用する企業は次第に増加している。

本書執筆時点では、監査法人や環境専門コンサルティング会社が、保証業務の主要なプレーヤーである。日本の法令に基づくものではないが、国際会計士連盟の定めるガイドライン（ＩＳＡＥ　３０００）やＩＳＯ１４０６５に従って実施しており、数値分析や根拠書類確認などで間違いや不正を「見抜く」作業など、保証と監査で似通うノウハウを生かして実施している。

これらは情報の適切性や信頼性を担保するために一定の効果を発揮している一方で、業務を行うに当たって特段の資格は不要であり、問題が生じた際に法的責任を負わせる仕組みもないことなどは課題として指摘されている。この保証については、法的な根拠に従って公認会計士が財務情報を監査するように、今後はグローバルで共通する仕組みや資格などが登場する可能性がある。

これらの不透明な要素を念頭に置きつつ、外部の支援策も有効に活用しながら、可能な限り見える化を進めることが重要である。

③外部環境を理解する

自社の排出の実態を把握したら、次は外部に目を向ける必要がある。繰り返しになるが、カーボンニュートラルを巡っては方向性が定まっていない部分も大きく、状況が不透明かつ変化も激しい。そのため、最新の動向と自社の置かれた環境を正しく理解できていないと、自社にとってのリスクとチャンスを洗い出すことができない。

関連する幅広い要素の中でも、動向を追うべき対象となる要素を決めてしっかりフォローすることが必要である。その際には、現状の理解にとどまらず、中長期的な見通しについても種々の公表資料を常にチェックしておくことが求められる。

さらに、カーボンニュートラル達成の道筋やスピード、２０５０年の電源構成などのカーボンニュートラル社会の最終形が自社の経営に大きな影響を及ぼす業種においては、自社のコンテキストに最適なシナリオを自ら策定することも検討する必要がある。

動向を追うべき対象を決めフォローする

社会のカーボンニュートラル化に向けては、政府や各種規制、投資家、消費者、サプライチェーンの上流・下流の企業、競合企業、スタートアップなどの様々な主体の動向、技術進化など、幅広い要素が密接に関連しており、相互に影響を与えながら変化していくことになる（**図表2-2-7**）。この構造は第1章でも紹介しているが、ここではシナリオ策定の観点で各主体を概観していきたい。

制度やルールに関わってくるのが、政府や投資家である。政府が定める規制や補助金などの支援策は企業の取り組みに大きな影響を及ぼす。同様に、投資家がどのような基準で情報の開示を求めるか、また成果を求めるかも大きく影響する。

意識やスタイルという面では、消費者および取引先を含む企業を見ていく必要がある。消費者の意識変容や行動変容がどれぐらいのスピードで進むかは、脱炭素商品やサービスを提供していく上で重要となる。また、サプライチェーンの上流に当たる調達先の脱炭素化の進展によって自社の脱炭素化も大きく左右される。下流に当たる顧客も同様である。また、競合企業の動向に合わせて自社の取り組みス

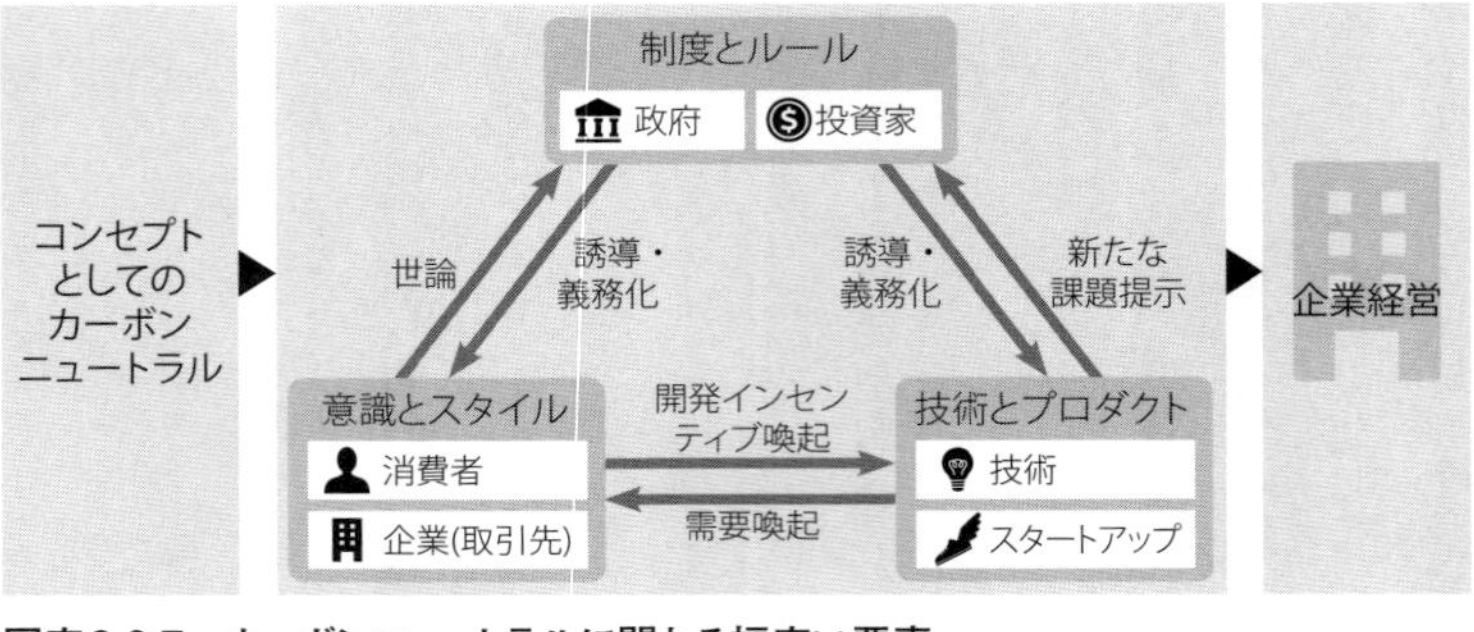

図表2-2-7　カーボンニュートラルに関わる幅広い要素
出所：ボストン コンサルティング グループ

ピードや深さも変える必要がある。

さらに、技術の進化次第で実現できることの範囲は大きく異なる。回収・吸収に関わる技術が大きく進展し社会実装が進めば、企業に求められる水準は変わる可能性もある。技術進化や新たなプロダクトに大きく関わるスタートアップの動きとともに注視しておく必要がある。

労力はかかるが、自社が進むべき道を決めるには、自社の業種や事業領域に合わせて、動向を追うべき要素を明らかにし、しっかりとフォローしていくことが必要である。例えば、輸出中心の企業であればEUの動向や米中の政策など海外政府の動向をフォローし、特定のサプライヤー・顧客企業への依存が大きい企業であればその企業の動向を注視する、といった具合である。

なお、何らかの動きをフォローする際には、現状の理解にとどまらず中長期的な見通しを定期的にアップデートすることが必要になる。その際には各種研究機関が発表しているシナリオが参考になり、エネルギー動向であれば、IEA（国際エネルギー機関）が提供する「ＷＥＯ」（World Energy Outlook：中・長期にわたるエネルギー市場の予測。エネルギーに関する将来情報（定性・定量）が記載されている）や、「ＳＳＰ」（Shared Socioeconomic Pathways：昨今の政策や社会経済環境を踏まえた社会経済シナリオ。前提となるマクロ経済情報がシナリオごとに記載されている）などが広く知られる（**図表2-2-8**）。

また、各国政府の動向を重視する必要がある場合は、各種公表資料の中で中長期的な見通しを示す資料を特に注意して把握しておく必要がある。

例えば日本政府からは、２０５０年時点でのカーボンニュートラル達成に向け、２０３０年時点で対２０１３年比46％のCO_2排出量の削減が示されている。これを前提とした、その時点での一次エネル

図表2-2-8　IEAによる持続可能な発展シナリオにおける電源構成
出所：IEA "Energy Technology Perspective 2020"

ギーの電源構成の予測は今後提示されることとなるが（本書執筆時点）、少なくとも再生可能エネルギーの構成比の圧倒的な拡大が想定される。

政府の第６次エネルギー基本計画には、それ以外にも、水素の資源としての生産・供給の強化、回収・吸収技術の開発や実装の加速化、エネルギー消費量の抑制や需給調整をしやすくするための蓄電の強化などが、織り込まれると想定される。

こういった政府の方針以外にも、多様なステークホルダーが意欲的な提言を含む見通しを公表している。例えば、ＷＷＦジャパンは、石炭由来の火力発電所の早期停止と、それを補うための再生可能エネルギーのさらなる拡大を織り込んだ見通しを提示している。さらに、２０２１年11月のＣＯＰ26に合わせて、幅広いステークホルダーから２０５０年のカーボンニュートラル実現に向けた見通しやシナリオが提示されることが予想される。

いずれにしても、注視すべき対象を定め、関連する情報および中長期的な見通しを得るための情報源を押さえ、表面的な理解から深くダイナミックな理解へと進めることが重要である。

複数の未来シナリオを策定する

なお、2050年時点にどのようなかたちでカーボンニュートラルが達成されているか(電源構成など)、また2050年までの道筋やスピードが自社の経営に大きな影響を及ぼす業種においては、もう一歩進んで、自らシナリオを策定することも検討する必要がある。

第1章でも触れたが、ここでいうシナリオは、あくまでも将来的に起こり得る「幅」を明らかにすることである。入手した情報に基づき、発生確度と発生時のインパクトの大きさから、将来の状況を変える可能性のある要素やレバーを幅広く抽出する。その「確実性」と「発生時のインパクトの大きさ」を考慮して、シナリオに取り入れるレバーを特定し、その組み合わせにより起こり得るシナリオの幅を明らかにする。

つまり、やや極端な複数のシナリオをつくり「将来の実際の状況は、高い確率でこれらのシナリオの範囲には収まるだろう」という幅を設定し、その幅の中で何が起きても対応できるように戦略を立てることが、シナリオ分析の考え方である。

シナリオ策定は、具体的には大きく3つのステップで行う。第1のステップとして、外部の機関が提示するシナリオなどを参考にレバー候補を特定し、発生確度と発生時のインパクトの大きさに基づき分類する（**図表2-2-9**）。

第2のステップは、発生確度が中程度あり、かつ発生時の影響も中〜大となる「シナリオに大きな影響を及ぼす要素」を特定することだ（**図表2-2-9**のグループ②に該当）。また、発生確度が高い要素は確実に起き得る前提とする（＝ほぼ確実に起こるので、シナリオの幅には影響し

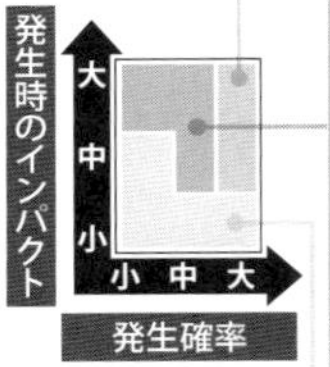

テーマの分類	対象となるトレンド要素			
グループ① ほぼ確実に発生する重要なトレンド **⇒全シナリオの前提**	●再エネの拡大 ●顧客企業の脱炭素志向の高まり ●……			
	政府の規制の抜本的強化	マーケット構造の根本的変化	破壊的技術イノベーション	……
グループ② インパクト大だが、発生確率が中程度 **⇒要素の組み合わせを複数つくり、シナリオを構築**	●日本政府によるカーボンプライシングの抜本的強化 ●排出削減の義務化 ●………	●自社の主力市場の消失 ●新市場Xの急拡大 ●代替製品の登場 ●……	●再エネのコストの低下 ●CCUSの技術進化 ●製品Xの抜本的に低炭素な製造プロセスの誕生 ●……	●トレンドA ●トレンドB ●……
グループ③ 発生の確度/インパクトが相対的に小さい **⇒考慮しない**	●トレンドA ●トレンドB ●……	●トレンドA ●トレンドB ●……		

図表2-2-9　シナリオ・プランニングの進め方

記載しているトレンド要素は分析イメージ。出所：ボストン コンサルティング グループ

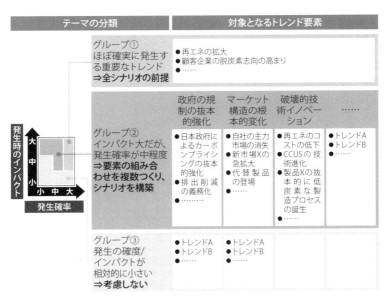

ない、同グループ①)。さらに、発生時のインパクトが小さいもの(加えて発生確度が極めて低いものはその際のインパクトが中程度のものも含む)については影響が相当限定的となるためシナリオ検討のレバーからは外せる(=起きても起きなくても、大勢に影響がない、同グループ③)。

第3のステップで、「大きな影響を及ぼす可能性があるが確度が不透明な要素」を基にシナリオの幅を特定する。なお、この「シナリオ幅の策定」においては、第2のステップで特定した自社の将来への影響が大きい要素について、個々の関係性によるグルーピングを行った上で、その組み合わせによりどのような状況が生じ得るかを推測する。その際には、自社にとってのシナリオの位置づけや必要性を定義することが重要となる。例えば、商社なら、幅広く投資機会を探りチャンスの芽を特定するためにシナリオが必要になる。一方で、エネルギー企業は脱炭素化実現を念頭に、主力となる代替エネルギーを見極めるためのシナリオが必要となる。

自社にとっての位置づけに合わせて、発生し得ることの幅とその現実化に向けた重要な局面(マイルストーン)を特定することとなる。ちなみに、カーボンニュートラルの議論では２０５０年が大きなマイルストーンではあるが、あまりにも遠過ぎる。そのため、２０５０年を念頭にバックキャストしながら２０３０〜２０４０年の姿を検討することも重要である。

一つの例として、ドイツでＢＣＧとＢＤＩ（ドイツ版の経団連に相当する経済団体）が協力して策定したドイツの脱炭素戦略に向けたシナリオ策定がある。個別企業単位ではなく国全体のシナリオ分析であるが、参考までに紹介したい。このプロジェクトでは、２０５０年までにドイツの国全体の排出削減を推進するために、エネルギー、輸送、産業、農業、民生・業務などのセクターごとにシナリオ分析を行い、削減戦略を検討した。

その結果、80％の排出削減は現在の技術で、しかも経済的にも実行可能な方法で実現できる一方、さらなる削減の深掘りには技術イノベーションが必要であることが判明した。また、これらの取り組みを通じて、ドイツのマクロ経済はプラスの効果を得られることが明らかになり、産業界の気候変動対策の取り組みを加速化させる契機にもなった。

このように、外部環境を把握するに当たっては、まずは温暖化を含めた環境動向と、これを踏まえた各ステークホルダーの動向の見通しを理解することが重要である。その上で、カーボンニュートラルが自社の経営に与える影響が著しく大きい、もしくは特定の領域をより精緻に見通す必要があるときには、自社独自で幅を持たせたシナリオをつくることをお勧めしたい。

④自社にとってのチャンスとリスクを洗い出す

自社のCO_2排出と、今後の外部環境を把握できたら、それらを踏まえてカーボンニュートラルがもたらすチャンスとリスクを洗い出す。これにより、単にチャンスとリスクを特定するだけでなく、そのチャンスをどのように活用し、リスクに対してどう対応するかという、戦略の方向性が見えるところまで、解像度を高めることができる。

第一歩としては、ＴＣＦＤの提言などの国際的に認知された枠組みを活用して要素を洗い出すのがよい。ここで重要なのは、形式的に行うのではなく、その結果を活用して自社の置かれた状況・事業内容を前提としたときに意味のあるチャンスとリスクを特定するところまで行うことだ。この進め方については、後段で説明する。

TCFDが提言した枠組みに沿ったチャンスとリスクの洗い出し

図表2-2-10は、TCFDが提言の中で示した、気候変動関連のチャンスとリスクのフレームワークである。

チャンスとしては、脱炭素製品やサービスの開発による競争力の向上、新たに生まれる市場の獲得、気候変動の影響に対するレジリエンス強化による自社の安定性向上などが挙げられている。

リスクは、移行リスク（社会が低炭素経済に移行することに伴い影響を受けるリスク）と物理的リスク（気温の上昇や洪水の増加など、気候変動による物理的

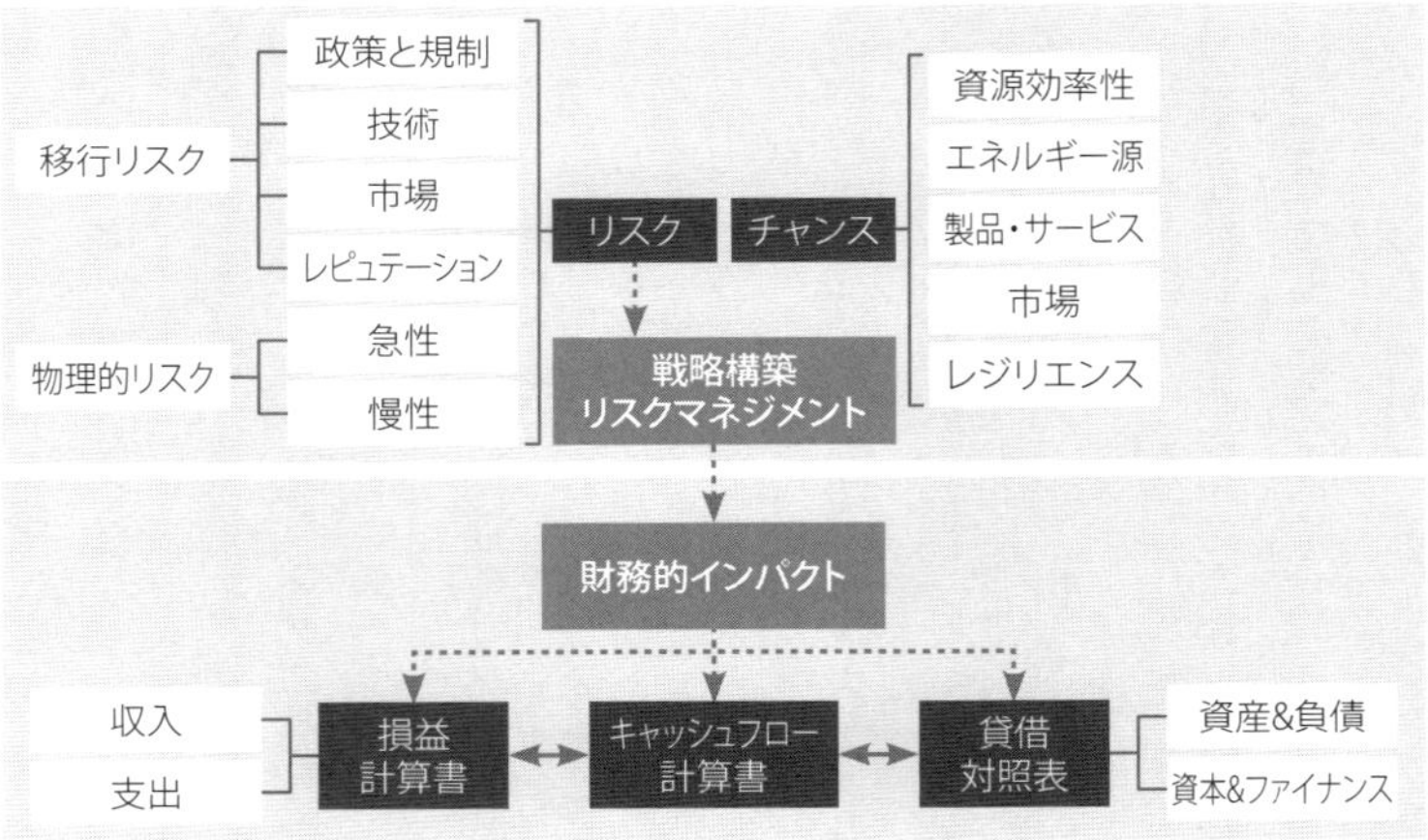

図表2-2-10　TCFDの提言による気候変動関連のチャンスとリスクのフレームワーク
出所：TCFD最終報告書

な変化から自社が受ける影響によるリスク）に大別される。なお、企業にとっては、より早期に直面する可能性がある移行リスクに重きを置いた検討が必要となる。

移行リスクとしては、「政策と規制」の側面では、カーボンプライシングの導入やエネルギー効率規制の強化による収益性悪化などが考えられる。また、再エネ、蓄電池、CCSなどの新技術が経済システムを変えることにより生じる「技術」関連のリスク、特定の製品やサービスの需給が大きく変化することによる「市場」関連のリスクなどもここに含まれる。

物理的リスクは、台風、洪水など特定の事象に影響を受ける「急性」リスクと、海面上昇や長期的な熱波など、気候パターンの長期的なシフトに関わる「慢性」リスクに分類されている。

一般的には気候変動のリスクというと物理的リスクが注目を集めがちだが、企業経営においては、移行リスクも極めて重要になることに留意をする必要がある。

このフレームワークは、外部のステークホルダーが、様々な企業を横比較するときの統一的なフレームワークとしては非常に優れている。言い換えれば、あくまで「外部に開示するためのフレームワーク」であってTCFD対応をする企業の立場からすると自社の戦略を企画・立案するためのフレームワークではないことに注意しなければならない。

現状では、「政策と規制のリスクはXXで、技術のリスクはXXXで、……」と、開示フレームワークを埋めるだけの検討にとどまっている企業が多い。この状況を例えるならば、テストで出題される問題が分かっている大学生が、その問題を解く方法だけ覚えるようなものである。講義の単位は取れるかもしれないが、内容は何ら身に付いていない。TCFDの提言に戻れば、開示フレームワークを埋めれば対応したと言えるかもしれないが、自社の気候変動戦略は何ら強化されていない。

自社に合わせたチャンスとリスクの分析

では、どのように進めればよいのか。チャンスとリスクを戦略につなげるに当たっては、洗い出した要素を基に、自社の置かれた状況や事業内容に沿ってそれらを改めて整理し直さなければならない。

例えば**図表2-2-11**は金融機関にとってのチャンスとリスクを整理したものだ。カーボンニュートラルは温暖化対策であるとともに成長戦略であると述べた通り、今後は非常に多くの資金ニーズが発生すると見込まれる。企業は脱炭素に向けて事業ポートフォリオを見直す必要性も高まるため、Ｍ＆Ａニーズも高まると考えられる。また、顧客である中小企業は、カーボンニュートラルに対応する独自のノウハウやリソースが限られるため、そこに対する支援ニーズが発生する。このように、ＴＣＦＤの枠組みもヒントにしつつ洗い出した結果を自社に当てはめると、戦略的な意味を持ったチャンスとリス

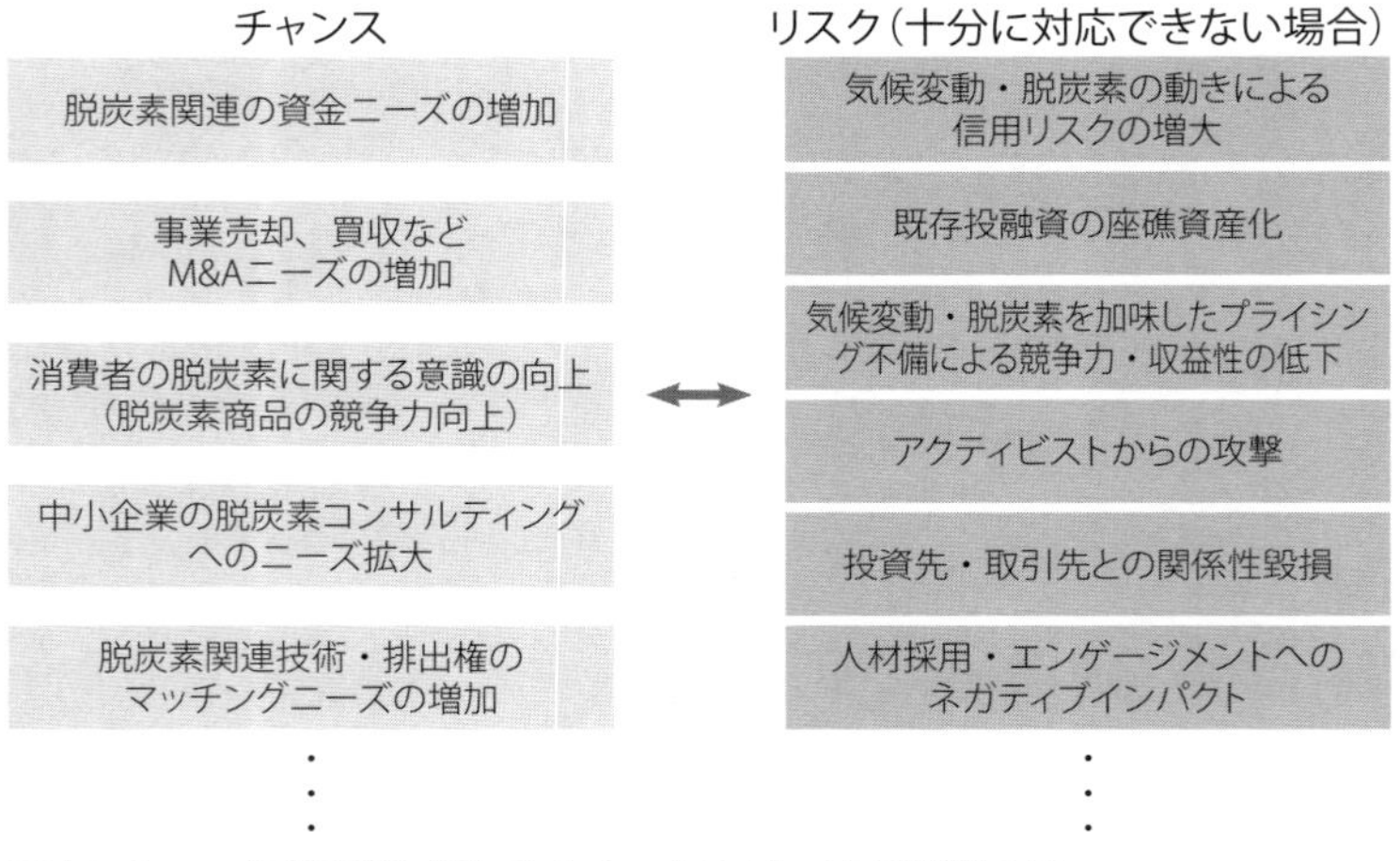

図表2-2-11　気候変動に関わるチャンスとリスク／金融機関の例
出所：ボストン コンサルティング グループ

クになる。

ここまでが、企業内においてカーボンニュートラル実現に向けた戦略を定める前に、準備として行っておくべきことである。次節からは、具体的な取り組み方針策定の進め方について論じたい。

2-3 ステップ2　戦略を定める

前節を踏まえ、この節では自社のカーボンニュートラルに対する戦略をどのように定めるかに焦点を当てる。大きくは、自社としてカーボンニュートラルにどう向き合うかという大方針を定めた上で、その大方針を実現するために必要な取り組みを設定し、その実行に向けて社内の仕組みを見直すこととなる（**図表2-3-1**、**図表2-1-3**再掲）。本節では、取り組みの策定と社内の仕組みを見直すプロセスについて、実務家目線で、でき

ステップ2の全体像

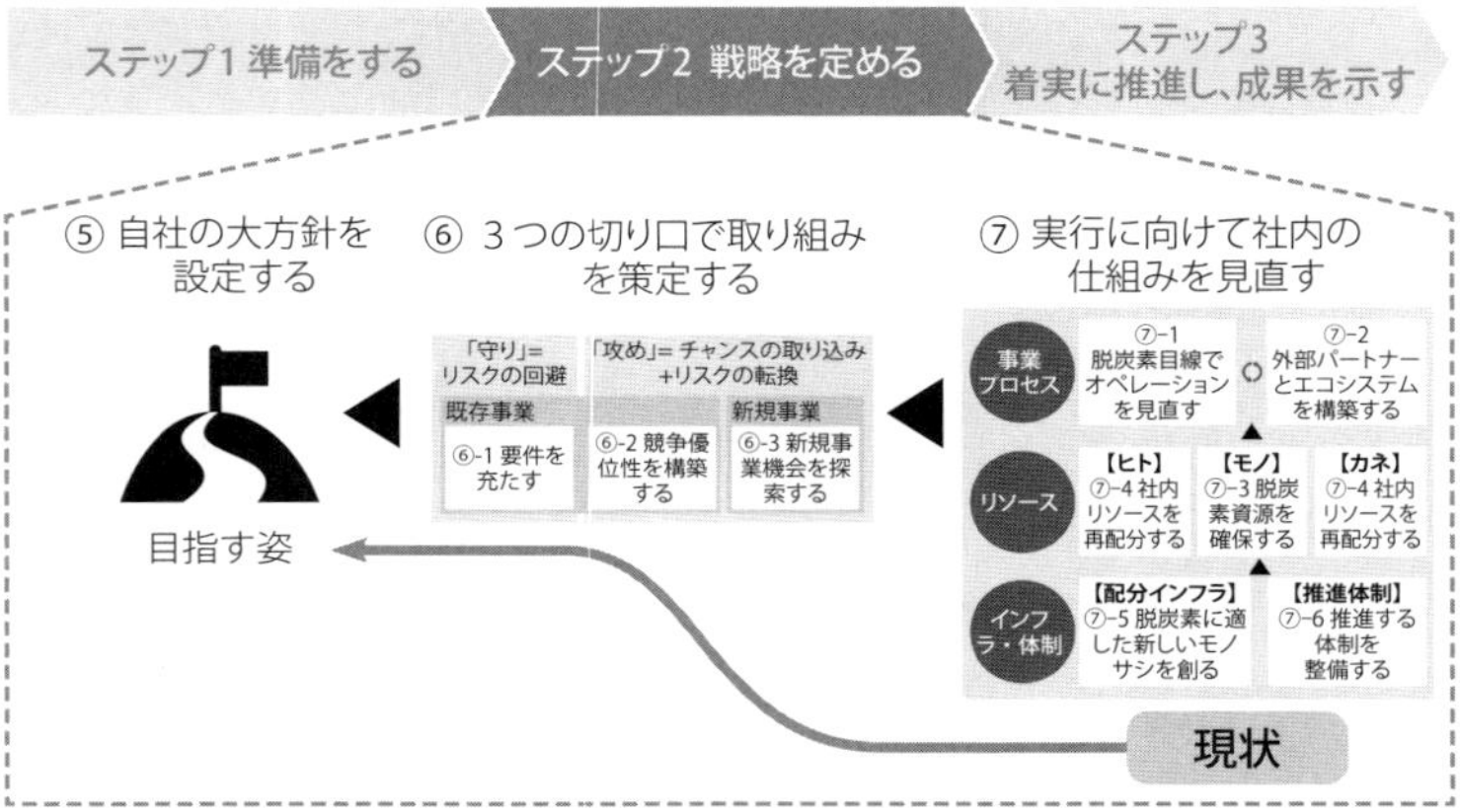

ステップ1 準備をする
ステップ2 戦略を定める
ステップ3 着実に推進し、成果を示す
⑤ 自社の大方針を設定する
⑥ 3つの切り口で取り組みを策定する
⑦ 実行に向けて社内の仕組みを見直す
目指す姿
「守り」=リスクの回避
「攻め」=チャンスの取り込み+リスクの転換
既存事業
新規事業
⑥-1 要件を充たす
⑥-2 競争優位性を構築する
⑥-3 新規事業機会を探索する
事業プロセス
⑦-1 脱炭素目線でオペレーションを見直す
⑦-2 外部パートナーとエコシステムを構築する
リソース
【ヒト】⑦-4 社内リソースを再配分する
【モノ】⑦-3 脱炭素資源を確保する
【カネ】⑦-4 社内リソースを再配分する
インフラ・体制
【配分インフラ】⑦-5 脱炭素に適した新しいモノサシを創る
【推進体制】⑦-6 推進する体制を整備する
現状

図表2-3-1　ステップ2の全体像（図表2-1-3再掲）
出所：ボストン コンサルティング グループ

るだけ具体的な内容に落とし込みながら議論を進める。先進的な取り組み事例も紹介する。

⑤自社の大方針を設定する

出発点として、まずはカーボンニュートラルに取り組む上での大きな方針を定めることから始める。カーボンニュートラルというと、つい「何年までにCO_2排出量を何％削減する」という数値目標を決めることが方針策定であると勘違いしやすい。だがそれより、そもそもカーボンニュートラルを自社の経営の中でどう位置づけるかが重要である。また、その際には、「外部からの要件・要請をどう充たすか」という守りの要素だけではなく、一連の取り組みを通じて「自社がどのような存在になることを目指すのか」という攻めの観点も織り込むことが必要である。それらが定まって、初めて定量的な数値目標を設定する意味が出てくる。

カーボンニュートラルへの取り組み方針の設定

業種・企業により、どこまでの温度感でカーボンニュートラルに取り組むかは大きく異なる。例えば、石油産業にとっては基盤事業の大きな方向転換を意味するため圧倒的に重要性が高い。一方で、商社のような業種にとっては、重要ではあるがすべての投資機会がなくなるわけではなく、場合によっては新エネルギーや新素材など新しく投資を行うチャンスでもあり、意味合いは全く異なる。また、各企業の目指す姿は、同じ業種であっても、業界内におけるポジションなど外的要因や、企業としてのパーパスなど内的要因により、大きく異なる。あくまでも守りとして捉えるのか、これを攻めの機会とするのか、考え方によっても変わってくる。

なお、現時点で方針を発表している企業の多くは、カーボンニュートラルの達成に向けてCO_2排出量を抑える守りの方針にとどまっている。今後は、チャンスとして捉えて、この機を生かす大方針が示されることを期待したい。

守りの要素だけではなく攻めの要素も打ち出しているのが、旭化成グループだ。同社は2050年のカーボンニュートラル達成を宣言し、エネルギー使用量の削減、エネルギーの脱炭素化、製造プロセスの革新、「マテリアル」領域を中心とした低炭素型事業への事業ポートフォリオ転換などの守りに加えて、同社が保有するアルカリ水電解技術を用いたグリーン水素やCO_2分離・回収システム、次世代CO_2ケミストリー技術など、強い技術をベースに新事業を具現化するという方針を発表している。

マイクロソフトが発表している方針も、守りと攻めの両方を意識したものと言える。「2030年までにカーボンネガティブを達成」という目標を掲げ、自社およびサプライチェーンの排出量を半分以下まで削減し、回収・吸収の技術の活用や、排出権取引への積極的な参加を通じて、実際に排出する量以上にCO_2を除去するとしている。加えて、攻めを意識し、炭素除去技術の発展加速化に向けた10億ドル規模の気候イノベーションファンドを設立している。

繰り返しとなるが、守りだけではなく攻めの要素を意識しつつ、自社のありたい姿を明示的に定めることをまずは検討いただきたい。

定量的な目標の設定

あくまでも前述の定性的な方針を裏打ちするものではあるが、投資家など外部のステークホルダーから分かりやすく評価されるためにも、定量的な目標を設定する必要がある。また、SBTなどの国際的な枠組みを考えても、定量的な目標は不可欠だ。その際、短期的には2030年、中長期的には2050年という2つの時間軸を意識するケースが多く見られる。

いずれの場合においても、明確に測定され得るKGI（重要目標達成指標）やKPI（重要業績評価指標）を設定することは必須だ。ただし、不確定要素が多い中、どこまで踏み込んで考えるかは各社にとって悩ましいポイントだろう。従業員、各ステークホルダーの共感を得るためには高い目標が必要だが、一方で、適正な水準にしないと取り組みについてこられない関連ステークホルダーが離反してしまうリスクもある。

ただし、他の経営目標と異なり、CO_2排出量の削減については、「実現できそうな目標」という発想を捨てて、「達成できるか否か全く不透明な目標」を設定せざるを得ないことを覚悟すべきである。

その第一の理由は、非常に長いタイムラインの目標を設定する必要があるからだ。CO_2排出量の削減以外で2030年の具体的な数値目標を設定することはまれであるし、ましてや2050年を見据えた目標は、CO_2排出量に関する目標以外には考えにくいだろう。

第二に、社会が求める目標の水準が極めて高いからだ。SBT認定を受けている企業でも、ほとんどの企業は2030年時点の目標、特にスコープ3における実現のめどは全く立っていない。２０５０年のカーボンニュートラルについては、不確定要素が多過ぎて、詳細な実現方法まで踏み込んで検討している企業は限定的と言わざるを得ない。

そのため、自社が中長期的に成し遂げたいことや、ステークホルダーが自社に期待しているレベル感、競合他社の動向などを総合的に判断した上で、野心的な目標を設定することが必要になる。実現性の有無は、目標の設定の判断の際にあまり役に立たない。達成できるレベルではなく、達成しなければいけないレベルということになる。

そのような事情もあり、一度決めるだけではなく、自社を取り巻く環境変化を踏まえつつ、目標値やその実現に向けた取り組みを適切なタイミングで見直していくことが重要だ。同時に、自社が立てた目標が、外部のステークホルダー、特に投資家からどう見えるのか、意見を聞くことも必要だろう。

⑥3つの切り口で取り組みを策定する

自社にとってのカーボンニュートラルに向けた大方針を定めたところで、ここからはその大方針を実現するために必要な取り組みの設定について説明したい。

2050年までに世界全体で約1.2京円の投資

既に読者の皆様にはご理解いただいていると思うが、改めて申し上げると、カーボンニュートラルは温暖化対策であり成長戦略でもある。2050年のカーボンニュートラル実現に向けては、社会の大きな変革が必須であり、その変革の中では、社会全体として莫大な投資が生まれることになる。BCGでは、2050年までに世界全体で約1.2京円（1.2兆円の1万倍）の投融資が必要だと試算している（図表2-3-2）。

途方もない規模の金額が動くことになるのだ。企業の立場からすれば、自社の削減対策に必要な投資金額も非常に大きなものになるが、それと同時に、新たに生まれる巨大市場

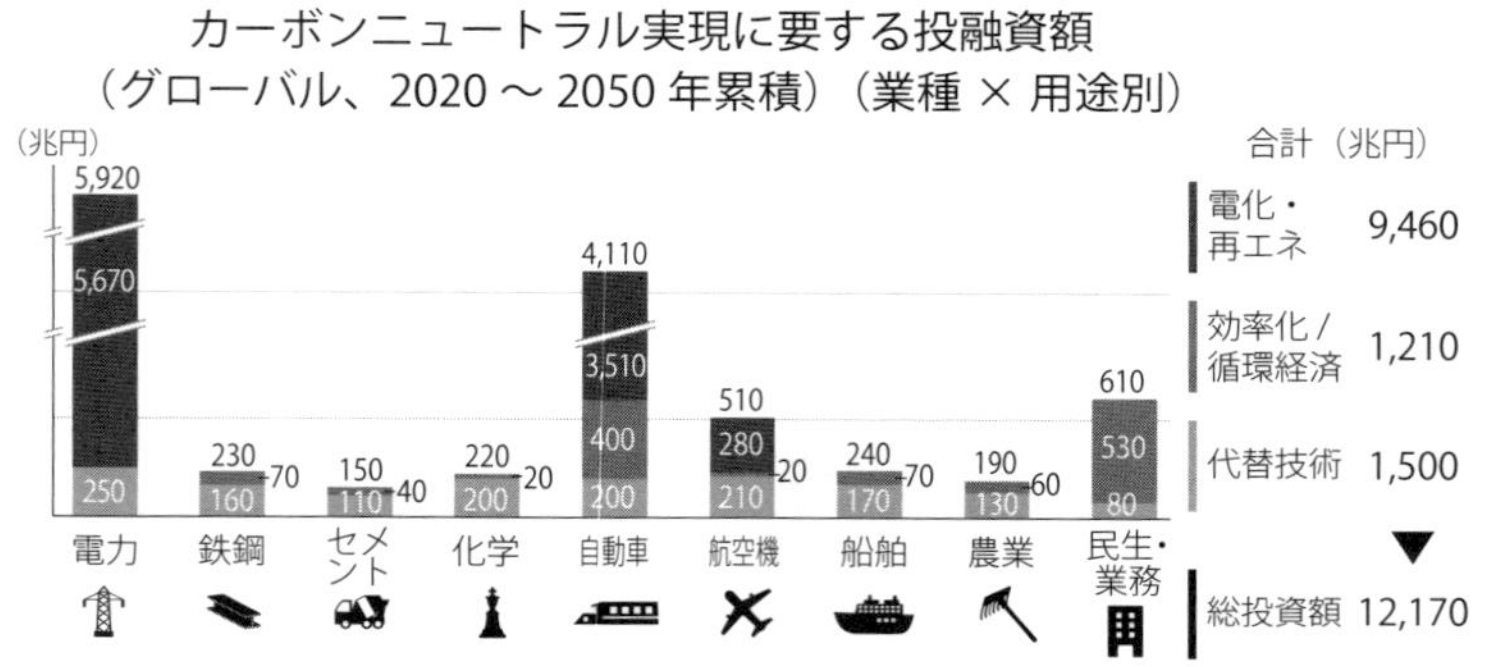

図表2-3-2　カーボンニュートラル達成に向け必要となる投融資額の見通し
1USD=100JPYで換算。出所: ボストン コンサルティング グループとThe Global Financial Markets Association（GFMA）の共同レポート「Climate Finance Markets and the Real Economy」（2020年12月）

を獲得することが、企業としての成長において最重要課題となる。

「攻め」と「守り」の両方の戦略

大事なことは、「守り」（CO_2排出削減）と「攻め」（自社の成長戦略）の両方の観点で戦略を立てることだ。具体的には、既存事業における守りとしての「⑥－1　要件を充たす」、攻めとしては、カーボンニュートラルを活用した「⑥－2　競争優位性を構築する」、さらには「⑥－3　新規事業機会を探索する」という3つの切り口での検討が必要である（**図表2-3-3**）。

なお、これら3つの切り口に基づく取り組みは、それぞれ独立したものとしてではなく、一貫した戦略として考え、計画に落とし込むことも意識すべき

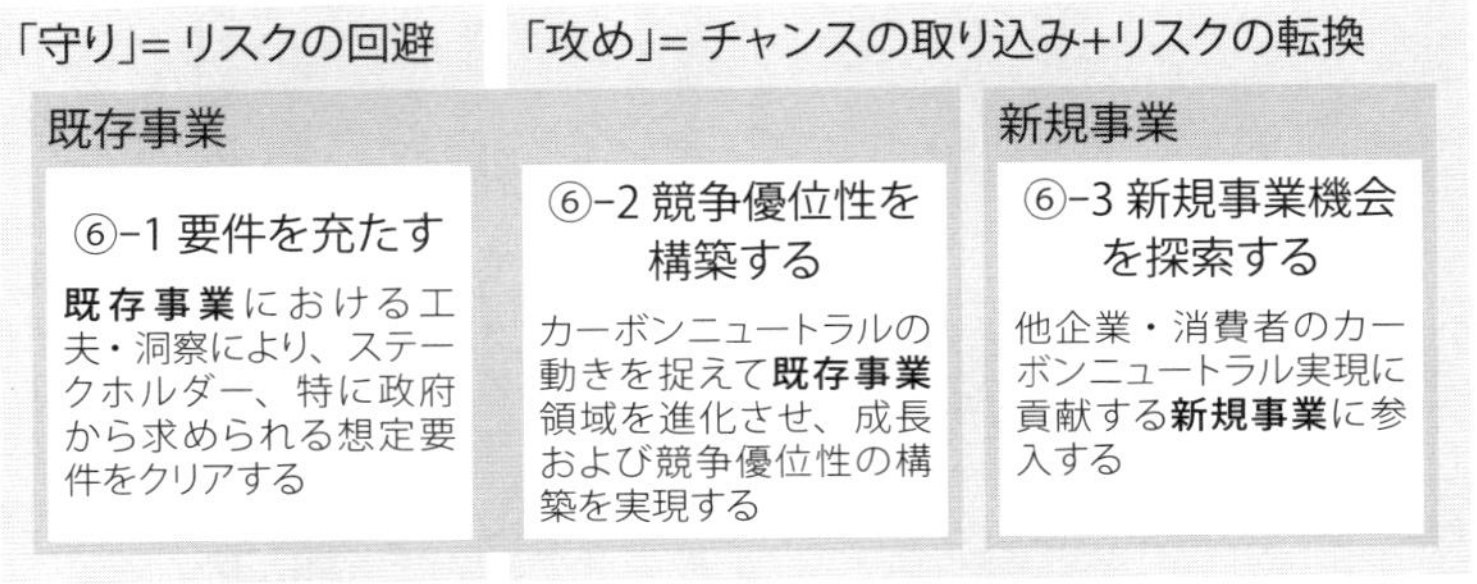

「守り」=リスクの回避
「攻め」=チャンスの取り込み+リスクの転換
既存事業
新規事業
⑥-1 要件を充たす
既存事業における工夫・洞察により、ステークホルダー、特に政府から求められる想定要件をクリアする
⑥-2 競争優位性を構築する
カーボンニュートラルの動きを捉えて既存事業領域を進化させ、成長および競争優位性の構築を実現する
⑥-3 新規事業機会を探索する
他企業・消費者のカーボンニュートラル実現に貢献する新規事業に参入する

図表2-3-3　「⑥3つの切り口で取り組みを策定する」の全体像
出所：ボストン コンサルティング グループ

である。

1つ目の切り口である「⑥－1　要件を充たす」は、排出量を削減する、回収・吸収する、相殺するという3つの要素について検討する。この中でも、まずはSBTの枠組みなども参考に排出量を削減することから取り組む必要がある。「要件を充たす」に含まれる取り組みは一見粛々と進められるように感じられるかもしれないが、実は非常に困難である。なぜなら、排出量の中には、調達先や顧客の排出するCO_2も含まれるためだ（スコープ3の排出削減）。ここでは社内のコンセンサスを得ることや調達先・顧客をどう巻き込むかが重要となる。

次に、自社が提供する商品やサービス自体の脱炭素化、もしくはバリューチェーン上のポジショニングの見直しを通じて、カーボンニュートラルを切り口にした「⑥－2　競争優位性を構築する」ことを考える。さらに、カーボンニュートラルの取り組みに伴う既存事業の収益悪化をカバーするため、もしくは新たなチャンスを捉えるために「⑥－3　新規事業機会を探索する」。このステップでは、脱炭素化がもたらす事業機会を狭く捉え過ぎないことや、自社の事業領域での脱炭素化にとらわれ過ぎないことが重要となる。

⑥—1　要件を充たす

要件を充たすことはCO$_2$の排出を抑えることと同義だが、そのためには「排出を削減する」「回収・吸収する」「相殺する」の3つの取り組みが必要だ。

「排出を削減する」については、現状では認知度の高いSBTの枠組みに沿って検討すべきだろう。つまり、自社の生産活動に伴うCO$_2$排出量であるスコープ1／2だけでなく、調達先や顧客も含めたスコープ3におけるCO$_2$排出量の削減も含めて考える。排出量を下げる上では、「マテリアルフローの見直し」「エネルギーフローの見直し」「製品・事業ポートフォリオ自体の見直し」の3つを行うこととなる。また、相殺には「クレジット取引」を通じた削減効果獲得によるものと、「植林」を通じた吸収効果によるものの2つがある。整理すると、次に示す6つの取り組みとなる。順に説明する。

（1）マテリアルフローの見直し（排出を削減する）
（2）エネルギーフローの見直し（排出を削減する）
（3）製品・事業ポートフォリオ自体の見直し（排出を削減する）

(4)回収・吸収する
(5)クレジット取引(相殺する)
(6)植林(相殺する)

(1)マテリアルフローの見直し(排出を削減する)

マテリアルフローとは、自社製品について、原材料から製品廃棄までの一連の物の流れを追ったものだ。そのため、自社としてのスコープ1/2だけではなく、スコープ3も含めて「一連の製品製造の流れ」を見直すこととなる。具体的には、次の8つの観点が考えられる(**図表2-3-4**)。

Ⅰ 原材料の見直し(CO_2排出量がより少ないものに変える)
Ⅱ 原材料の削減(商品設計を見直す)
Ⅲ 調達先の変更(輸送距離の短縮やCO_2排出量が少

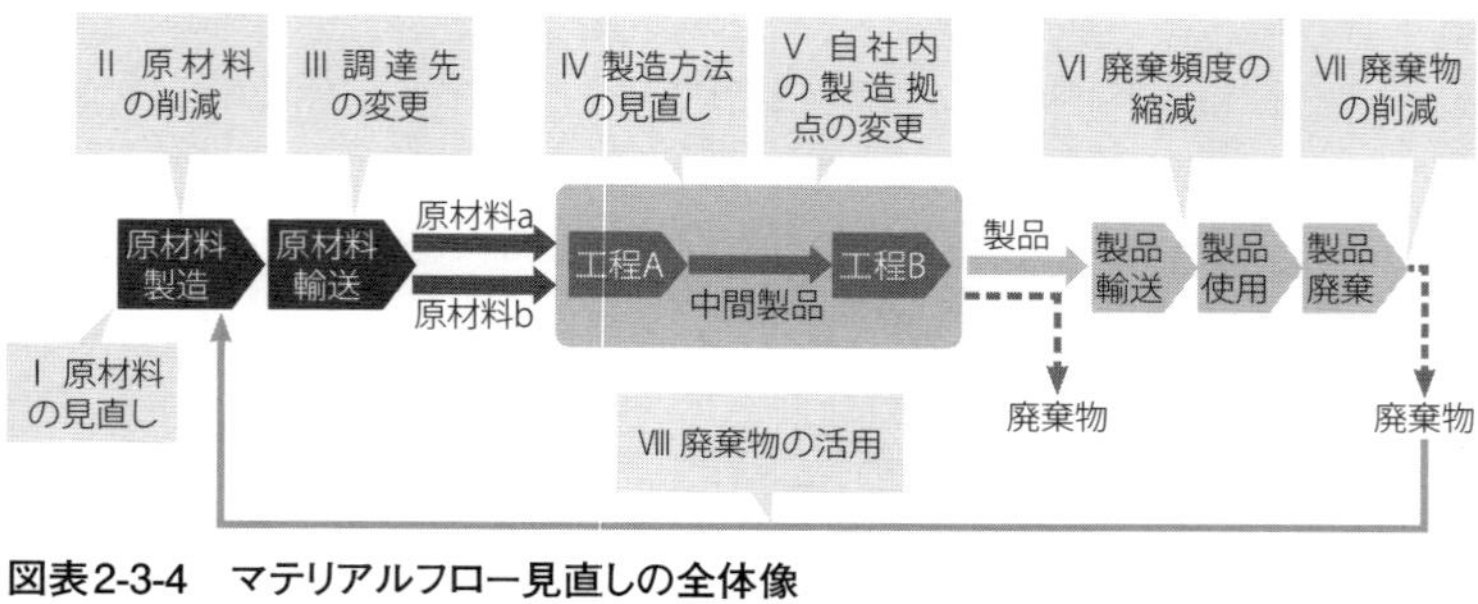

図表2-3-4　マテリアルフロー見直しの全体像
出所: 環境省「SBT等の達成に向けた GHG排出削減計画策定ガイドブック」を基にボストン コンサルティング グループ作成

ない手段への変更）

Ⅳ　製造方法の見直し（CO_2排出を誘発しないものに変更する）

Ⅴ　自社内の製造拠点の変更（拠点統一化によって輸送の削減や製造効率の向上を実現する）

Ⅵ　廃棄頻度の縮減（長寿命化）

Ⅶ　廃棄物の削減（再利用を徹底して廃棄対象を削減する）

Ⅷ　廃棄物の活用（従来廃棄されていたものを別の製品の原材料にする）

これらのⅠ～Ⅷを一連の流れとして考えることが必要になる。例えば、製品の小型化を行うことで、調達する原材料の量が減るだけではなく、原材料や製品重量の軽減を通じて製品輸送に必要なCO_2排出量の削減につながる。さらに、部品の再利用を拡大することで、原材料が見直されて廃棄物の削減にもなる。このようにマテリアルフロー全体の中での削減を考える、つまり「一連の製品構造の流れ」として捉えることが重要である。その際、スコープ３に関わる調達先や顧客をどのように巻き込み、かつこれらの取引先との関係毀損リスクを回避しつつ、インパクトが出る水準まで実現するかが課題となるだろう。

先進的な取り組み事例

読者の関心が高いと思われるので、この取り組みについては、8つの観点に分けて幅広く事例を紹介する。

（1　原材料の見直し）

日清食品は、使用する食材の見直しを通じてCO_2排出量の削減を目指している。同社は、生産過程でCO_2を大量に排出する肉の使用量を削減しつつ、植物由来である代替肉の使用割合を増やした製品を開発する。さらには、CO_2排出量の低い認証パーム油や代替油の使用、ノンフライ麺製品の拡充によるパーム油使用量の削減、包材では石化由来プラスチックからバイオマスプラスチックや紙など再生可能資源への切り替えなども検討対象として挙げている。

原材料の見直しは、様々な業界においてCO_2排出量削減のポテンシャルが大きい。革にしても、食肉にしても、家畜を育てることは環境負荷が非常に大きいが、ファッション業界では、アディダスがバイオテクノロジー企業などと連携し、革素材を代替するためのサステナブルな素材の開発に取り組んでいる。これらの企業はキノコの菌を培養することにより、見た目も手触りも革のような素材マイロ（Mylo™）を開発して製品化した。キノコであれば、家畜のように放牧地のために森林伐採をしたり、安価なエサを海外から大量に輸入して使用したり、動物のげっぷによるメタンが放出されたりすることもないため、環境負荷が低い。

食肉では、英国の大手スーパーのセインズベリーズの取り組みが参考になる。同社は、食生活の肉から野菜中心への変更を促すことでCO_2削減と人々の健康増進を両立することを目指し、植物ベース食品専用のプライベートブランドであるプラントパイオニア（Plant Pioneers）を立ち上げた。ステーキやソーセージ、タコスの具材など、植物由来の代替肉を提供している。

続けて、原材料の見直しと廃棄物の活用をセットで行っているユニ・チャームの例を紹介する。同社は紙おむつや生理用品などを製造しており、原料のパルプの調達で環境負荷が生じ、また、使い捨て商品という性質上、その廃棄も問題となる。高齢化で大人用紙おむつの生産量が増大し、家庭から排出されるごみのうち、紙おむつの体積は全体の８分の１に達しているとも言われており、同社のスコープ３の排出量のうち、物品調達による排出が約50％、商品使用後の廃棄による排出が約38％と合わせて９割近くを占めている。

これらの問題の解決に向けて同社は、使用済みのおむつを回収し、原料となるパルプを洗浄・再生し、新たなおむつとして製造する「水平リサイクル」の検討を進めている。この取り組みにより、廃棄による排出や原材料の新たな調達による排出を削減しつつ、おむつの原材料を確保することができる（**図表2-3-5**）。この水平リサイクルという仕組みは、CO_2排出量の削減だけではなく、資源

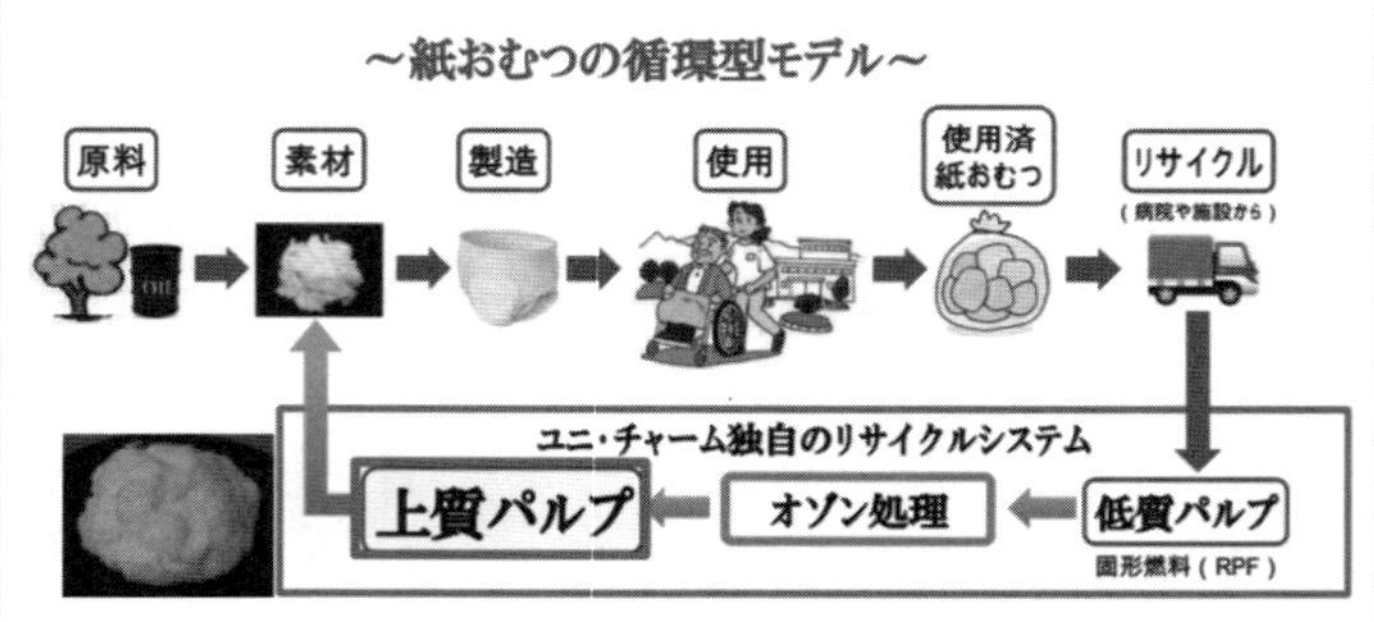

図表2-3-5　ユニ・チャームにおける紙おむつの水平リサイクルの仕組み
出所: ユニ・チャーム　ウェブサイト

循環型社会の実現という観点でも重要である。

（ii　原材料の削減）

原材料の量を減らす取り組みとしては日清食品の例が挙げられる。同社のカップヌードルには、ふたを止めるためのシールが添付されていたが、ふたの形状を工夫することによりシールを不要とし、年間33万トンのプラスチック原料の使用量を削減できるとしている。また、小糸製作所は、同社の主力商品である白色ＬＥＤランプにおいて、製品の開発・設計段階から省電力化とともに小型・軽量化を進め、原材料の削減はもちろん、軽量化による自動車燃費向上でもCO_2排出量削減を進めている。

（iii　調達先の変更）

調達先変更については、ウォルマートが大規模に実施している。プロジェクトギガトンと称したサプライヤーの気候変動対策を支援するプラットフォームを構築し、プロジェクトの目標設定や報告に必要なデータの算出、ベストプラクティスに関するワークショップ、その他のリソースへのアクセスを支援している。優良な排出削減の取り組みをしているサプライヤーをSparking Change agentsとして認定し、より優先的に、優遇した条件で契約している。

（Ⅳ　製造方法の見直し）製鉄業界の例

現在製鉄業界で検討が進んでいる、水素還元技術を活用した製鉄プロセスが代表例と言える。そもそも製鉄業界は、エネルギーを起源とするCO_2排出量の割合で見ると、産業部門全体の約40％と非常に高い割合を占めている（2016年時点）。また、そのうちの約80％を「製鉄プロセス」が占めている。現在検討されているのは、従来コークスを用いてCO_2を発生させていた還元プロセスを、コークス生成時に発生するメタンを用いて還元することでCO_2排出を回避するものだ。加えて、鉄鉱石燃焼時に発生するCO_2の分離・回収とセットで水素還元技術を活用したプロセスとなっている。この技術については、既に国のグリーンイノベーション基金による支援対象に採択され、早期の実用化が期待されている。

（Ⅴ　自社内の製造拠点の変更）

生産拠点を見直して輸送も含めたCO_2排出量を削減する取り組みもある。例えば、ドイツBASFは、総合生産拠点における輸送網をパイプライン網に置き換えることで、輸送に伴うCO_2排出を削減している。また、インドのAditya Birla Chemicalsは、顧客の工場で使える3Dファブリックプリントを開発して現地で生産・納入を行うことで、輸送量の削減とそれに伴うCO_2排出量の削減を実現している。

(Ⅵ　廃棄頻度の縮減)

製品の長寿命化により売り上げに対するCO_2排出量を削減している例を紹介する。アパレルのパタゴニアは、「私たちは、故郷である地球を救うためにビジネスを営む」をミッション・ステートメントとし、耐久性の高い製品こそ最高の製品と考え、製品の長寿命化による環境インパクト低減に取り組んでいる。一般的なアパレル企業が、いかに新製品に買い替えてもらうかに注力するのとは真逆の方向だ。2011年に「Don't buy this jacket」とキャンペーンを打ち、頻繁に服を買い替える風潮に警鐘を鳴らして消費者にインパクトを与えた。

結果的に同社は、「耐久性が高い製品」というブランドイメージを高めることで多くの顧客を獲得した。パタゴニアは極めて先進的だったため長寿命化で自社の成長につなげることに成功したが、カーボンニュートラルに対する社会的注目がこれだけ高まっている情勢を考えると、今後はむしろ、長寿命化は必須事項であり、対応に遅れることは顧客を失う大きなリスクになると考えるべきだろう。

(Ⅶ 廃棄物の削減)

廃棄を避けるための取り組みとしては、欧州の「Too Good To Go」というフードロス削減のためのアプリが興味深い。飲食店や小売りの賞味期限が近付いている食品を消費者に割安で提供するプラットフォームで、消費者は購入したい店舗、時間をアプリで登録することで、割引情報を入手できる。ベルギー、フランス、イタリア、スペイン、ポーランドなどの店舗で活用されている。

フランスの大手スーパーのカルフールもこのアプリを活用している。賞味期限が近い商品を福袋のように「サプライズ・バスケット」としてパッケージ化し、アプリで消費者に通知する。消費者は12ユーロ相当の商品を約4ユーロで買うことができる。なお、カルフールはToo Good To Go以外にもフードロス削減に積極的に取り組んでおり、プライベートブランド製品のうち調味料などの賞味期限が重要でない製品から賞味期限の表示を廃止したり、売れ残った製品を恵まれない人々に寄付したりという取り組みをしている。

(Ⅷ) 廃棄物の活用

廃棄物を活用する取り組みとしては、賞味期限を迎えてしまった食品を他の用途に転用する動きが盛んだ。英国のトースト・エールは、小売業者やサンドイッチメーカーが廃棄している余剰パンを利用してビールを製造し、優れたビールに贈られる賞を受けたこともある。また、ドイツのFoPoは、期限切れの果物や野菜を粉末化し、スープやジュース用に製造業者や食品店、消費者に販売している。

（2）エネルギーフローの見直し（排出を削減する）

エネルギーフローの見直しについては、自社のエネルギー消費構造やCO_2排出構造の特徴に基づき、本当に必要なエネルギー消費を突き止めた上で、それ以外の消費を削減し、さらには再生可能エネルギーをはじめとするCO_2排出量が少ないエネルギー源への見直しを進めることが求められる。

例えば、スコープ1／2について、ボイラーおよびその蒸気を熱源とする各種加熱設備から構成されるプロセスに注目する場合、「ボイラーの発生蒸気←各種加熱設備の要求蒸気←製品の加温←製品の成分反応」といったエネルギー利用の目的まで立ち返り、本来求められるエネルギー需要（負荷条件）を把握する。その上で、このような負荷条件を満たすために、最も望ましいエネルギー供給の設備構成や運用方法（供給条件）を追求する。

具体的には、ビジネスモデルや製品設計を見直し、他の事業所や事業者と工程を統合・集約した上で、原料製造から輸送までに要するCO_2排出量の削減を図ることが考えられる。また、エネルギー利用目的まで立ち返って本来あるべきプロセスを検討することにより、例えば工程数の削減などプロセス自体を再考し、要求温度などの管理値を緩和するといった負荷条件を見直す。また、間接加熱から直接加熱への変更や排熱・未利用エネルギーの利用など、エネルギー供給条件の見直しを検討する。さらに、負荷条件・供給条件の見直しも踏まえながら、高効率設備への更新や温室効果ガス排出量の少ないエネルギー源への変更を考えていく（**図表2-3-6**）。

エネルギーフローを全体で見直すには俯瞰的な

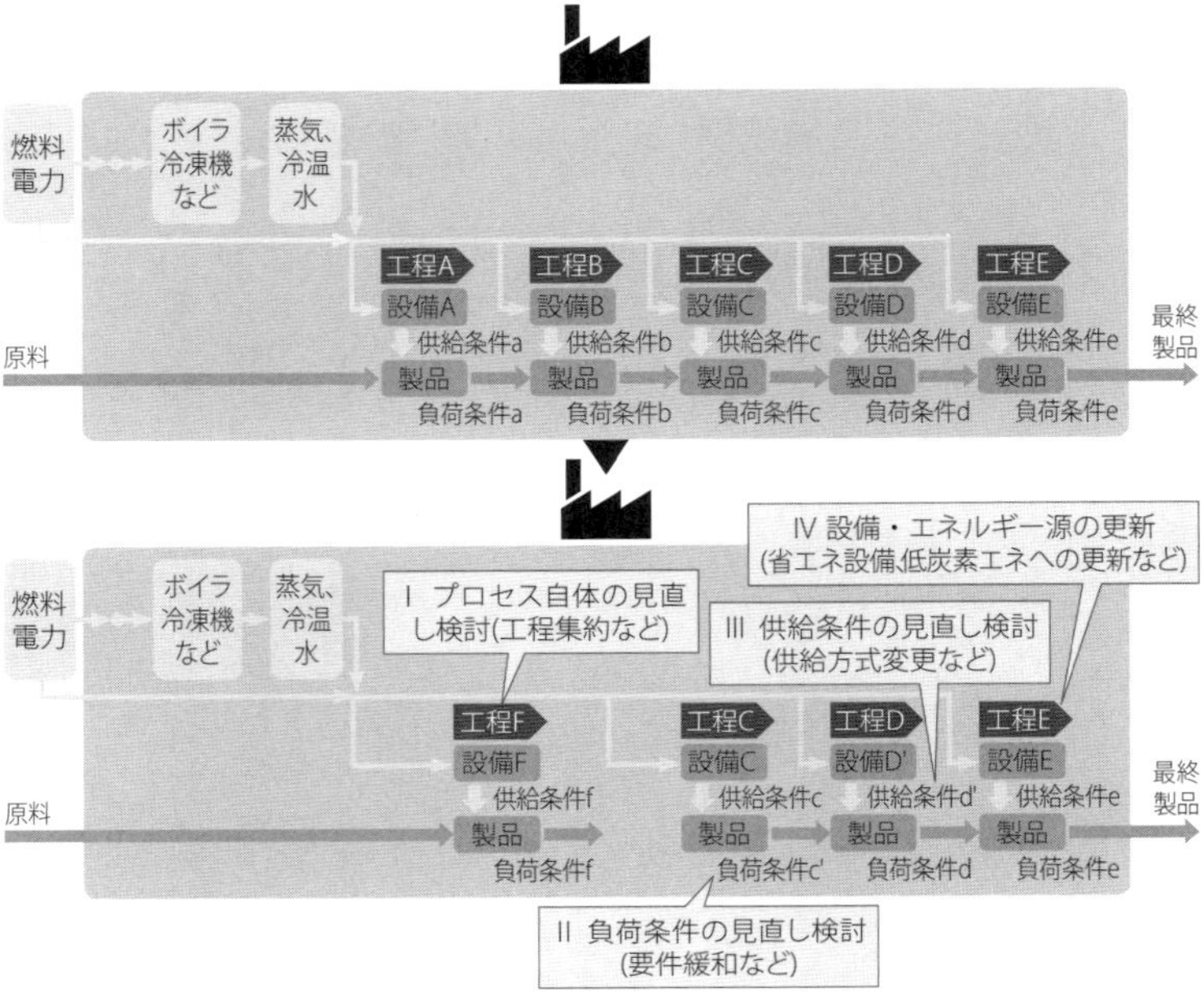

図表2-3-6　エネルギーフロー見直しの全体像
出所：環境省「SBT等の達成に向けたGHG排出削減計画策定ガイドブック」

視点が必要なため、難しさも伴う。これに成功している取り組み事例として、アスクルを取り上げたい。同社は、様々な物品を、企業や個人に向けて販売している。同社のCO_2排出量の大部分は物流センターに由来し、その多くが電気の使用に起因する排出だ。物流センターでは、空調、照明、物流設備で電気を使用している。そのうち空調については、物流センターのエネルギーフローを分析することにより、「建物外部からの熱を減らす・建物内部の熱を逃がす」「空調機器の効率・運用改善」「作業員の衣服改善」という3つの視点で負荷削減を推進している。

まず「建物外部からの熱を減らす・建物内部の熱を逃がす」については、年間300トン程度のCO_2排出量削減を期待して屋根面に遮熱塗料を塗布し、さらに同程度の効果が期待できる屋根裏への中空層設置など難易度の高い対策についても検討している。

次に「空調機器の効率・運用改善」については、室外機への散水や、空調を効かせるべきエリアを区切ることにより、空調機器の効率向上や負荷低減を狙うことを計画している。さらに、「作業員の衣服改善」も視野に入れる。これは、物流センターにおける作業員による作業場所は限定的な上、今後自動化が進み人員が減ることを想定し、空調設備ではなく、作業員が「空調服」を着るというものだ。

(3) 製品・事業ポートフォリオ自体の見直し(排出を削減する)

既存の製品や事業を対象とするマテリアルフローやエネルギーフローの見直しを超えて、CO_2排出量の大きな事業から撤退し、低・脱炭素な事業に新規参入するという製品・事業ポートフォリオの見直しも検討する必要がある。代表的な例で言うと、ガソリン車向けの部品製造から撤退してEV向けの部品製造に参入する、といったことだ。

既存事業は一定の収益を上げていることから、短期的には減益要因になることも多く、また既存の取引先との関係毀損リスクもあるため、ポートフォリオの見直しは簡単にできるものではない。ただし、中長期的にはCO_2排出量が多い製品や事業は社会から排除されるリスクを無視できず、代替品への置き換えなどにより市場自体が縮小する可能性も高い。排出量の多いビジネスが中長期的に自社の収益を支えることが可能なのかどうかを十分に分析する必要がある。単にCO_2削減対策という観点にとどまらず、脱炭素に向かう社会の中での成長という観点でも、早期に製品・事業ポートフォリオを見直すことが、結果として自社の中長期の成長に貢献できる可能性が高い。

積極的に事業ポートフォリオを見直してきた先進事例に、ドイツのシーメンスが挙げられる。大量のＣＯ$_2$を排出する石炭火力発電の関連事業からはいち早く撤退する一方で、同社の強みとするIndustry4.0などによる製造過程のデジタル化や省エネ化のためのソリューションを強化し、顧客企業のＣＯ$_2$排出削減に貢献することで自社が成長する戦略を描いている。

国内の例では、三菱ケミカルが挙げられる。同社は企業価値を生み出す3つの軸に「サステナビリティ」「イノベーション」「経済効率性」を挙げており、サステナビリティが同社の成長戦略の軸であることを明確にしている（**図表2-3-7**）。サステナビリティの実現のために、同社は積極的なポートフォリオマネジメントを行っている。経済産業省の事業

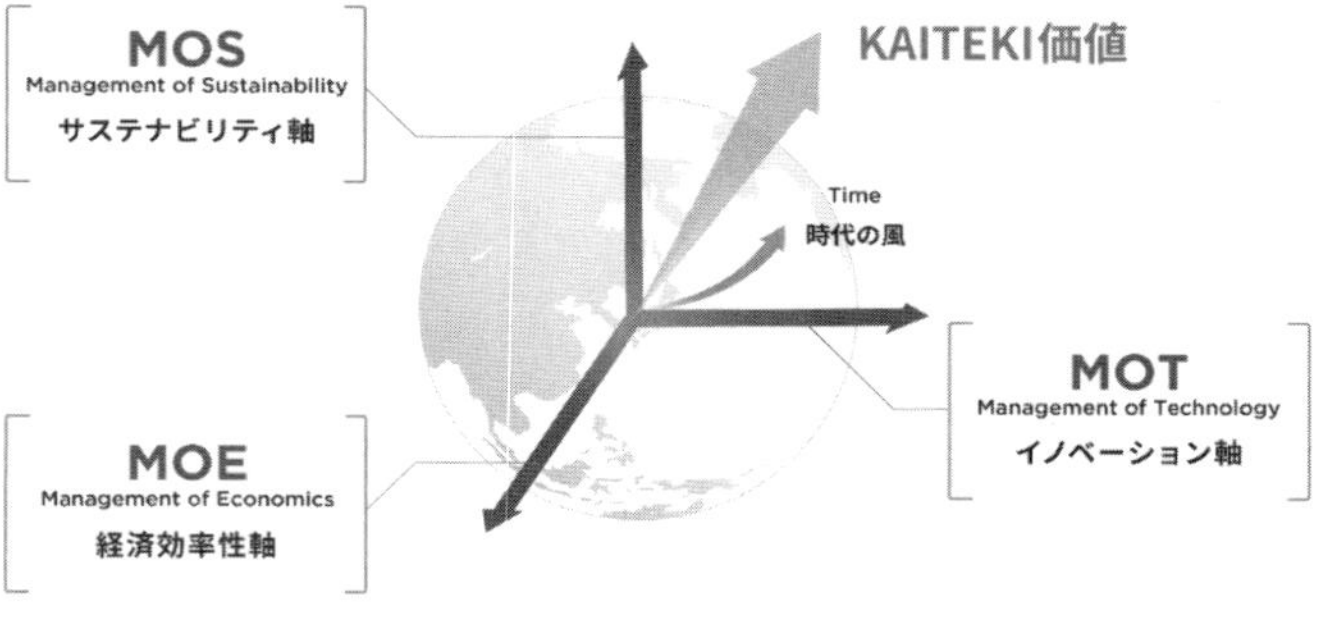

図表2-3-7　三菱ケミカルの考える企業価値「KAITEKI価値」のコンセプト図
出所：三菱ケミカルHD ウェブサイト

再編研究会における三菱ケミカルＨＤ発表資料によると、排出量が多く収益性が悪い事業から撤退し（約６０００億円売上減少、３００万トンのＧＨＧ削減）、Ｍ＆Ａによる低炭素の高収益事業の強化（約1.5兆円の売上増、ＧＨＧ増は１００万トンにとどめる）を進めている。

これは、同社の経営層がポートフォリオ変革を主導し、実施状況をモニタリングする体制が整備されているからこそ実現できていると言えるだろう。執行役会議が年２回開催され、指標未達事業については改善シナリオを要求し、改善されない事業は社内での位置づけが変更され、撤退を求められる可能性もあり得る。このような個々の事業のＰＤＣＡの状況も考慮しつつ、取締役会ではホールディングスとしてのポートフォリオのあり方の検討が年１回行われる。ポートフォリオだけを議題に半日間議論し、中長期的な戦略を検討している。

製品ポートフォリオの見直しというと、1年から2年のタイムスパンで特定事業を廃止するというイメージを持たれる方も多いが、そのような短期的視野で行うべきではない。市場の変化のスピードや、取引先への影響、社内の準備などを考慮して、２０３０年など中長期の視野で徐々に移行していくのがよいだろう。ただし、中長期的な方向性を早期に検討し、社内外の意識をすり合わせていく必要がある。

（4）回収・吸収する

ここまで排出量を削減するための取り組みについて述べてきたが、ここからは回収・吸収に目を転じる。回収・吸収は、短期的には工場設備など直接的な排出源からの回収・吸収を進めつつ、中長期的にはDAC（Direct Air Capture）などの技術進化を踏まえて、より広範囲の回収・吸収に取り組むものである（図

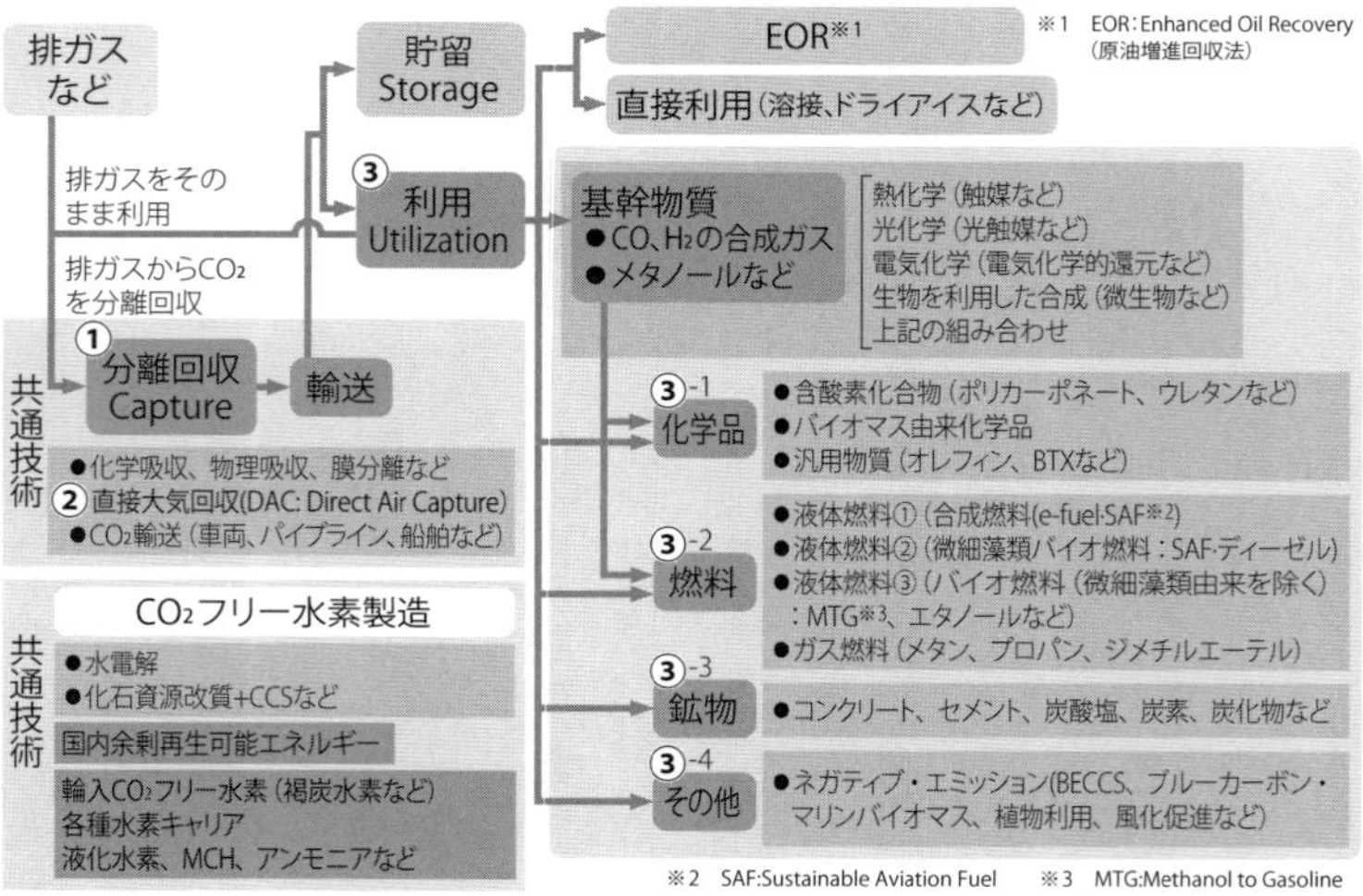

図表2-3-8　回収・吸収・再利用の全体像

出所: 経済産業省「カーボンリサイクル技術ロードマップ」を基にボストン コンサルティング グループ作成

表2-3-8）。

CO_2を回収・貯留する「ＣＣＳ」と回収したCO_2を再活用する「ＣＣＵＳ」は技術的には開発途上であるが、非常に重要である。ＩＡＥＡの試算によるとカーボンニュートラル実現に向けてこれらの貢献が全体の15％程度を占めると言われている。

ＣＣＳ／ＣＣＵＳにはいくつかの方式があるが、大別すると「①排ガスからCO_2を分離回収する技術」、その一種として「②空気中のCO_2を直接回収するＤＡＣ」、そして「③回収したCO_2を利用して他の生成物に転換させる利用技術」の3種類に分けられる。なお、利用技術としては、化学品、燃料、鉱物（コンクリートなど）が検討されている。

いずれも実証段階のものが多いが、例えばＤＡＣは、吸収液や吸着材に空気中のCO_2を吸収・吸着させ、その後、加熱や減圧などの操作で吸収液や吸着材からCO_2を分離・回収する技術であり、再生可能エネルギーなどと組み合わせることで、CO_2を有効利用する循環システムの構築が期待できる技術だ。なお、この技術については、新エネルギー・産業技術総合開発機構（ＮＥＤＯ）のプロジェクトで、液化天然ガス（ＬＮＧ）の未利用冷熱などを利用し、大気中のCO_2を吸着・回収する技術を開発するなど野心的なものが多く含まれている。

また、利用技術の代表例としては、回収したCO_2を再利用したコンクリートの製造が挙げられる。鹿島建設が開発した環境配慮型コンクリートは、CO_2を吸収して硬化するため、CO_2の吸収効果＋セメントの使用量の大幅削減により、コンクリートの生産によりCO_2を減らす「カーボンネガティブ」を実現できる。既に実用化に入っている。

回収・吸収に関わる領域は、期待値は大きいがまだ技術的には途上である。そのため、本質的なCO_2排出の回収・吸収の実現、およびそれに伴うビジネスチャンスとしてファンドを設定し、そこから投資するというかたちで取り組んでいる例も見られる（ある意味では新規事業機会探索とも言える）。例えば、テスラのイーロン・マスクCEOは、自身の財団を経由して、CCS／CCUSに向けた技術コンテストに総額1億ドルの賞金を出す予定だという。参加団体は2025年のアースデー（地球の日）まで4年間、CO_2回収の技術を競うこととなる。

不透明な要素が大きいことは確かだが、カーボンニュートラルの目標達成に向けてはこの技術の進展が重要である。利用技術関連で生成される製品は、単純に既存品との価格を比較すると当面は割高にならざるを得ない。ただし、先行で採用を進めることで累積的に生成コストが下がり、爆発的な普及期を迎えることも想定される。その観点では、自治体において、カーボンリサイクル製品の採用を積極的に推進して優遇するなどのきっかけづくりが必要となる。

また同時に、国内外におけるＣＣＳ／ＣＣＵＳに対する政府の関連支援の成果にも期待したい。日本では経済産業省・資源エネルギー庁が中心となり、関連民間企業により形成されたカーボンリサイクルファンド（ＣＲＦ）と連携した実証事業なども行われている。日本政府によるグリーンイノベーション基金においても、回収・吸収は重点14分野の一つであり、技術開発と社会実装の加速に向けた支援が期待される。関連技術を保有する企業は、こういった資金や実装支援を行う仕組みをどう活用していくかを考える必要がある。シーズとニーズとファイナンスの３つのマッチングを進めることで、使われる技術の開発がより加速化されることを期待したい。

(5) クレジット取引（相殺する）

最後に、相殺（オフセット）について説明する。相殺にはクレジット取引を通じた削減効果獲得によるものと、植林を通じた吸収効果によるものの2つが含まれる。後者は現状、世界各地で進められているが、期待できる効果は限定的と言わざるを得ない。企業にとっては、前者のクレジット取引が相殺に向けた重要な手段となる。

なお、現時点のSBTのルールでは、2030年など中期での目標達成において相殺をカウントすることは原則認められていないことには留意が必要だ。SBTは、あくまで大気中に排出するCO_2の量を減らすことを目指しているためだ。そのため、将来的に織り込まれる可能性はあるものの、現時点で相殺はSBTの枠外で自社の取り組みをアピールするために活用されている例が多い。

取引されるクレジットは、3つに大別できる。グローバルで一定程度統一された方法論に従った、既に効果が検証済みの「①認証を受けているクレジット」、統一された方法論に従っているが効果は検証中の段階にある「②計画排出削減（PER）クレジット」、グローバルに統一された方法論はまだなく認証を受けていない、主に新規性の高い技術領域における「③企業間で独自に売買されているクレジット」だ（**図表2-3-9**）。

「①認証を受けているクレジット」としてはVCS、GS認証クレジット、J－クレジットなどが有名だが、取引規模が限られており、買い手と売り手の双方にとって十分にニーズを満たしきれるものではない。

買い手の視点では、クレジットの市場や認証制度が乱立していることに起因する「品質のばらつき、不透明性」が主な課題であり、この課題を解決する動きとして、「ボランタリー市場拡大のためのタスクフォース」（TSVCM）がクレジットの品質の標準化などに取り組んでいる。一方、売り手側の課題

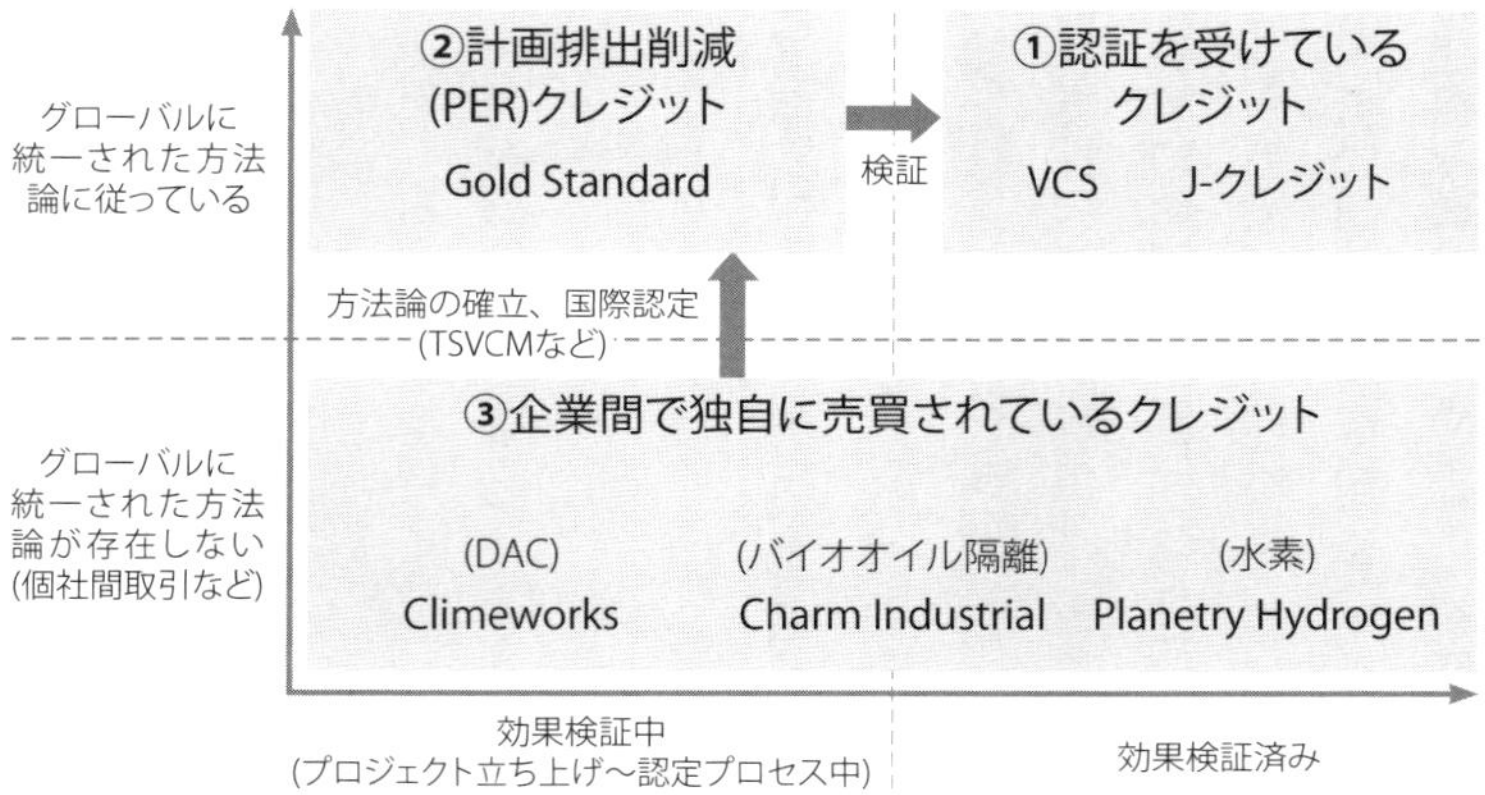

図表2-3-9　クレジットの全体像
出所：ボストン コンサルティング グループ

としては、認証プロセスが長期にわたりプロジェクト実施のための資金繰りが難しいことや、新規性の高い技術領域における方法論が未確立であることなどが挙げられる。

ただ、例えばＤＡＣやＢＥＣＣＳ（バイオエネルギーＣＣＳ）などの領域はいまだに主要な認証制度における方法論が確立されていないものの、既にクレジットとして発行している例も見られ始めており、今後の重要なクレジット取引の対象となっていくことが見込まれる。

「②計画排出削減（ＰＥＲ）クレジット」としてはGold Standardなどが有名で、売り手の短期的な資金調達ニーズや、買い手の排出量削減プロジェクトを行う際の先行投資のニーズに応える商品である。この商品は、Project Design Certificationの段階（Ｊ－クレジットの登録に相当）から発行・取引可能、科学的予見性の高い新規植林・再植林・農業におけるプロジェクトが対象であり、最大３～５年先までのPerformance Certification（Ｊ－クレジットの認証に相当）を見越して発行できる。一方で、この認証は実際に発行されるまで償却不可であり、現段階ではＣＯＲＳＩＡ（国際民間航空のためのカーボン・オフセットおよび削減スキーム）など多くの公的認証の仕組みにおいて効果算入が認められていない。

「③企業間で独自に売買されているクレジット」としては、マイクロソフトやショッピファイなどが、脱炭素技術を持つスタートアップから独自にクレジットを購入している例が挙げられる。例えば、ＤＡＣの技術を有するClimeworks、「バイオオイル隔離」という植物バイオマスを地下深くに貯留する技術を有するCharm Industrial、CO_2フリー水素を生成するPlanetary Hydrogenなど多様なプレーヤーとクレジットを取引している。

各企業においては、排出権取引を活用する目的を明らかにして、クレジットを使い分けることが求められる。つまり、ＣＯＲＳＩＡやＩＣＲＯＡ（ＩＥＴＡ内に設置された自主的なクレジット活用を促進する団体）、各国・都市の公的制度などに短期的に対応するためには「認証を受けているクレジット」が唯一の選択肢となる。ただし、もう少し長い時間軸での公的認証への組み込みを考えるのであれば「計画排出削減（ＰＥＲ）クレジット」も選択肢となる。

また、クレジット購入を検討する際には、クレジットの種類も重要な観点となる。例えばTSVCMにおいては、クレジットの種類を「回避・削減クレジット」と「吸収クレジット」に分類し、吸収クレジットについてはSBTネットゼロに認めてもらう、といった案についても議論されている。一方で、公的認証ではなく自社としてネットゼロやカーボンネガティブを打ち出すということが主眼であれば「企業間で独自に売買されているクレジット」に積極的に取り組むことも考えられる。マイクロソフトやショッピファイが積極的に取り組むのはそのためである。

また、近年海外では、先端技術を活用した取引市場を提供するスタートアップも出てきており、買い手か売り手だけでなく、彼らを結ぶプラットフォーマーとして排出権取引市場に参入する事業機会が存在していることも触れておきたい。

(6) 植林(相殺する)

次に、植林による相殺について説明する。国際連合食糧農業機関(FAO)の「世界森林資源評価2020」によれば、2020年の世界の森林面積は約40億ヘクタールであり、これは世界の陸地面積の31%に当たる。その半分以上(54%)が分布しているのはわずか5カ国(ロシア連邦、ブラジル、カナダ、米国、中国)だ。一方で、1990年以降、世界の森林は1億7800万ヘクタール減少しており、これは日本の国土の約5倍に相当する。

1990~2020年の森林面積の年間純変化を見てみると、アジアや欧州地域では森林面積が増加しているものの、南米やアフリカでは減少している。これは人口増に対応するために森林から農園や牧場への転換が行われているためだ。これを食い止めつつ、植林を加速させる動きが求められる（**図表2-3-10**）。

植林を加速させる取り組みとして、例えば、スペイン発の環境保護デジタルプラットフォーム「Reforestum」は、エコの取り組みを促進したい個人や組織に向けて、リモート植林で自分自身の森林をつくるサービスを提供しており、こういった

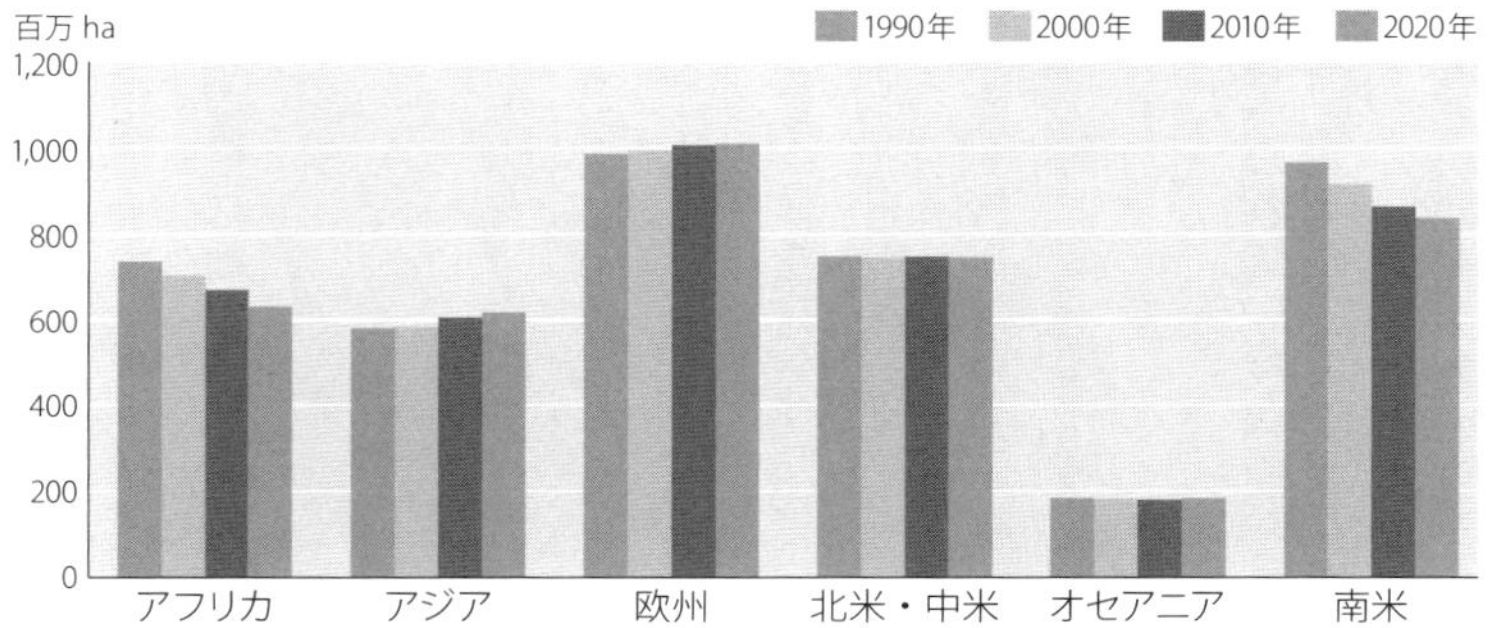

図表2-3-10　地域別森林面積の推移
出所: 国際連合食糧農業機関（FAO）「世界森林資源評価2020」

プラットフォームに参画することも考えられる。また企業単体でも植林を進める動きはあり、それぞれ数百億円規模の投資を行い、２０３０年度までに王子ホールディングスが約20万ヘクタール、日本製紙が約10万ヘクタールの海外での新規植林地の確保を目指している。

また、アップルは、環境保護団体コンサベーション・インターナショナルと投資銀行ゴールドマン・サックスと共同で総額2億ドルの基金（Restore Fund）を立ち上げ、森林再生プロジェクトに投資し、大気中からＣＯ$_2$を削減するとともに、収益化も目指し、投資家への金銭的リターンも狙うと発表している。アマゾンは、1億ドルを投資するライト・ナウ気候基金を通じて、気候変動緩和対策や森林再生プロジェクトを支援している。これらＩＴ大手が積極的に取り組む背景には、自身がサーバー運用などで多くの電力を消費しており、かつ消費者向けのイメージが重要な業種であることも影響していると考えられる。

ただ、植林の規模は減少している森林面積に比べると相当限られているため、あくまでも補完的な位置づけとして取り組むこととなると言えるだろう。

相殺だけでは解決には至らないが、排出権取引の仕組みがあることで、排出量の多い企業は削減により収益を得るというインセンティブを持つことになる。森林保護・植林も、排出権取引によりマネタイズできることで、より広範なプレーヤーの参画・資金投入量の拡大が期待される。各企業においては、排出量の削減や回収・吸収だけではカーボンニュートラルに届かない分について、クレジット取引の活用や植林による吸収の実現も併せて検討する必要がある。

⑥－2　競争優位性を構築する

ここからは、カーボンニュートラルを生かした攻めについて考える。２０２０年10月に菅首相（当時）が２０５０年までのカーボンニュートラル達成をコミットする前に比べると、各企業におけるカーボンニュートラルに対する意識は大きく変わった。ただし、具体的な商品やサービス、取り組みにはまだ十分に表れていないため、先んじて動くことで大きなチャンスを得られる可能性がある。競争優位性を構築するには、次のような取り組みが考えられる。それぞれ先進事例を紹介したい。

（1）提供している商品やサービス自体を脱炭素化して消費者に訴求する

（2）カーボンニュートラル対応を切り口にサプライチェーンの上流・下流に染み出す
（3）カーボンニュートラルに対応した他社が参入しづらいバリューチェーンを構築する
（4）自社サービスにカーボンニュートラルに貢献できる要素を織り込むことで消費者の行動変容を促しつつ優位性を確立する

（1）提供している商品やサービス自体を脱炭素化して消費者に訴求する

原材料から製造過程まで一連の要素を脱炭素に振り切ることで、消費者に対する強い訴求力を持つという取り組みである。

CO_2削減を前面に打ち出して成功を収めた例として、2016年に誕生したスタートアップであるオールバーズを紹介したい。同社は、羊毛などの持続可能な素材でスニーカーを製造するだけでなく、販売しているすべての製品のカーボンフットプリントを表示している。一般的なスニーカーがCO_2換算で12・5kgの温室効果ガスを排出している一方で、同社製品の平均は7.6kgだ。環境意識が高いカリフォルニアなどで流行し、2020年には原宿に日本第一号店をオープンするなど注目度は高い。

アディダスは、回収した海洋プラスチックを素材に製造したシューズをサステナブルな商品として販売している。価格が高めではあるが、売れ行きは極めて好調だ。また、ペプシコは、Beyond the Bottleのコンセプトを打ち出し、ペットボトルで飲料を販売するビジネスモデルではなく、自宅で炭酸水を作ることを消費者に提案し、使い捨て容器を使用しない方法を提供することで、環境意識が高い消費者層の支持を得ている。

このような事例を見ても、消費者が高い代金を支払って環境負荷が低い製品を本当に購入するのか、半信半疑の方もいるだろう。私たちが日本で行った消費者調査によると、環境価格プレミアムを受容すると回答した人は2～3割程度である*。現状では脱炭素に価格プレミアムを払う消費者は一部であり、その一部の消費者セグメントをターゲティングして獲得する戦略と言わざるを得ない。ただし、消費者の意識は少なくとも逆行することはなく、一定のプレミアムを払ってでも環境負荷が低い製品を購入する層は増加していくと考えるべきだろう。

＊ 2021年4月の調査結果。製品カテゴリごとに異なるため、2～3割と幅がある表記をしている。なお、詳細な結果は、BCGのウェブサイトにある「サステナブルな社会の実現に関する消費者意識調査結果」に掲載している

なお、このパターンが特に有効なのは、使用している場面が他人から見えること、何度

も反復して使用するものであること、という条件下だと考えられている。つまり、消費者の「環境にやさしい製品を使用している自分を見てほしい」という欲求を満たすことが有効だ。テスラのEVの販売台数がカリフォルニアやニューヨークで爆発的に増えたのも、「テスラに乗っていることはエコでかっこいい」というブランドイメージが確立できたためと考えられる。逆に言うと、家の中でだけ使うなど他人に見せない製品は、このパターンには当てはまらない。

(2) カーボンニュートラル対応を切り口にサプライチェーンの上流・下流に染み出す

メーカーがその保守・メンテナンスまで行う、もしくはサービス提供者が必要な設備・製品の製造まで行うことである。この例として、ダイキン工業の取り組みを説明したい。もともと空調設備のメーカーだが、子会社「ダイキンエアテクノ」が三井物産と共同で、空調データのアナリティクスや保守を月額課金で提供する「エアアズアサービス株式会社」を設立した。設備単体ではなくシステムとしての設計から運用までを担うことで新たなCO_2削減余地を見いだしつつ、結果としてO&M（運営・保守）業務にも染み出して顧客の固定化を実現している。

(3) カーボンニュートラルに対応した他社が参入しづらいバリューチェーンを構築する

脱炭素を切り口に、従来のバリューチェーンを統合したり、置き換えたりする取り組みだ。この例としては、テラサイクルのループ(Loop)によるリターナブル容器を活用したバリューチェーン構築が挙げられる。Loopは、容器メーカー、消費財・食品メーカーと連携し、再利用可能な容器を利用した循環型の消費財・食品宅配サービスを提供している。具体的には、消費者がオンラインで注文を行うと、繰り返し使える耐久性の高い容器に入れられた製品が配達され、使用後、スタッフによって回収された容器は洗浄施設で洗浄されて再び中身が充填された状態で再配達される。「利便性」や「デザイン性」も魅力と言える。カーボンニュートラルを活用した新しいバリューチェーンが構築されている好例だろう。

その他の事例では、農家支援ビジネスを展開するインディゴ・アグリカルチャーが、再生農業を行う農家とサステナブルな穀物を必要とする需要家をマッチングするビジネスを立ち上げている。自らがサステナブルな生産物のサプライチェーンのハブになることで、サステナブルな農業を行う農家と、それを必要とする需要家の取り込みを図っている。

（4）自社サービスにカーボンニュートラルに貢献できる要素を織り込むことで消費者の行動変容を促しつつ優位性を確立する

消費者に対して行動変容（今回で言えば脱炭素の製品・サービスの選択）を促し、支援することを通じて、消費者を囲い込むことである。消費者の行動変容を促すためには、「見える化」（自分が環境にどのくらい良いこと・悪いことをしているかを知ることができる）、「選択肢の提供」（環境に良いことを選べる）、「インセンティブの提供」（環境に良いことをすればメリットがある）という3つが効果的だ。

それを実践している例として、ショッピファイの取り組みが挙げられる。同社は、ECで買い物する際にその買い物カゴの排出量（製品の製造、家までの物流に伴う排出量）を見える化し、買い物カゴの排出量に相当する削減プロジェクト（森林保護、カーボンキャプチャーなど）やモニタリングの仕組みへの投資など、購買に伴う排出をオフセットする選択肢を提示し、それを選択するとポイントがつくなどのリワードプログラムを提供している。

また、複数の事業を有する企業にとっては、中国のアリペイの取り組みが参考になる。

同社は、エコシステムにおける各種サービスと連携し、環境に配慮した行動、スマートパッケージ利用の促進、ユーザーの行動と連動した植林活動などを行っている。交通やＥＣでのカーボンニュートラルな行動を促しつつ、それをアプリ内のミニプログラム「アント・フォレスト」を使って見える化し、獲得したポイントを活用して実際の植林につなげるサービスなどがある。さらには、ＥＣで環境配慮型のパッケージを採用し、物流においても包装のエコ化を進めることで全体としてＣＯ$_2$排出量の削減を実現している（**図表2-3-11**）。

図表2-3-11　アリペイ エコシステム全体でのカーボンニュートラルに向けた取り組み
出所: ボストン コンサルティング グループ

不透明な要素が多い中、短期的には収益性を下げる可能性がある取り組みについて、どのように意思決定するかは大きなチャレンジだ。ただし、カーボンニュートラルに向けた取り組みが不可避であれば、「先に動くことで大きな果実を手に入れられる」ことを認識し、カーボンニュートラルをどう生かすかを考えてみることをお勧めする。

⑥-3 新規事業機会を探索する

既存事業領域におけるカーボンニュートラルへの取り組みは、事業の見直し、縮小、収益性の悪化など経営にはマイナスの影響もあるため、それらをカバーし、さらに自社の成長を継続するには、新規事業機会の探索が不可欠である。

ただし、業種により新規事業の位置づけは異なる。例えば、カーボンニュートラルの影響が深刻なエネルギー業界（特に石油業界）にとっては企業の存続のために新規事業は必須であり、既存事業を代替できる規模も必要となる。一方で、比較的カーボンニュートラルの影響が大きくない業種、例えば通信会社にとってはあくまでも新規事業機会の一つとして捉えることもできる。また、金融機関はこの両者のちょうど中間的な位置づけと考えられるだろう。

企業は、カーボンニュートラルがもたらす事業機会を広く捉え、自社のチャンスを探る必要がある。筆者らが企業の皆様とこの議論を交わす中で投げかける2つの問いを紹介したい。

1つ目の問いは、「脱炭素化がもたらす事業機会を、狭く捉え過ぎていないか」である。カーボンニュートラル関連の新規事業で最初に浮かぶのは再エネ事業への参入だろう。ただし、幅広く考えるのであれば、低・脱炭素化されたモノやサービスの提供や、排出削減ではなく回収・吸収にかかる植林のような事業もある。さらには、排出者自身を顧客とするのではなくその周辺まで広げると、排出量の可視化や取引、関連するファイナンスなど、様々な事業機会がある。

2つ目の問いは「自社の事業領域での脱炭素化にとらわれ過ぎていないか」である。既存の事業領域以外で自社のアセットを横展開してバリューチェーンに染み出し、さらにそれ自体は脱炭素効果がなくても、脱炭素に何らかの関連がある領域まで見据えることが必要である。これは例えば、脱炭素化されたモノの運搬、脱炭素化されたモノの素材や製造装置の開発などが挙げられる。

これらの問いに答えるために非常に参考になる取り組みとして、ＮＴＴによる再エネ事業への参入が挙げられる。同社は再エネの発電事業に本格参入した上、全国約７３００の電話局には再エネの受け皿となる蓄電池を配備し、局舎から顧客への配電は直流送電の自営線を敷き効率よく提供している。既存のアセットを活用しつつ、再エネ事業という新たな事業機会を捉えた好例と言えよう。

海外ではマイクロソフトが、米国の農業協同組合で食品メーカーのランドオレークと提携し、農業によるCO_2削減効果と排出枠市場への参入を発表した。土壌はCO_2を吸収してため込む（固定する）機能がある。マイクロソフトが持つＡＩ技術を用いて、気象や土壌、作物の生育などに関するビッグデータを基に、農作業の効率化とCO_2の吸収・固定の拡大を両立できる情報を農家に提供する。加えて、農地で吸収・固定したCO_2削減量を把握し、排出枠取引市場に供給することを目指としている。なお、ランドオレークの組合に参加する農家の農地は６０００万ヘクタールに及び、これは、日本の国土面積を大きく上回る規模だ。

なお、新規事業については、それ自体は自社のCO_2排出量の増加要因になることに留意が必要である。つまり、既存のビジネスをそのままにして純粋に新規事業を増やせば、（その事業がカーボンネガティブでない限り）新規事業に伴う排出量が純粋に増加することになる。例えば、ある企業が新規事業としてＥＶを製造したとする。その企業のＥＶが既存のガソリン車の代替となることで、社会全体の排出量は減るが、当該企業にとっては、ＥＶの製造などによる排出量が純粋に増加することになる。

社会全体の排出削減は「削減貢献」と呼ばれており、自社の貢献として社会に訴求することは可能ではあるが、ＳＢＴなどの企業の排出量を評価する枠組みではカウントすることができない。現状では、専門家の間でも削減貢献の量を厳格に計算するルールがなく、企業間の公平性を担保することが困難なためだ。社会の脱炭素化に貢献しているにもかかわらず自社の排出量が増えたと評価されるので、理不尽に感じられるかもしれない。

日本としてもこうしたルールの見直しを働きかけていくべきという点は第1章でも触れたが、現状を考慮すると、新規事業の立ち上げの際には、その事業での排出量の最小化、既存事業の排出量の削減、ポートフォリオ変更による既存事業の縮小なども併せて検討することで企業全体としての排出量の削減を考えていく必要がある。

⑦実行に向けて社内の仕組みを見直す

ここまで紹介した取り組みを実行するためには、それに適した社内の仕組みを構築することが必要になる。ここからは、社内の仕組みを見直すポイントを説明する。具体的には、「事業プロセス」「リソースの確保」「インフラ・体制の整備」の３つのレイヤーで見直していく（**図表2-3-12**）。

事業プロセスでは、まず「⑦－１　脱炭素目線でオペレーションを見直す」ことが重要である。例えば、製品のＬＣＡ（ライフサイクル全体でのCO_2排出）や国境炭素調整措置などの動きを織り込んで、最適なサプライチェーンに組み換えることなどが典型的だ。

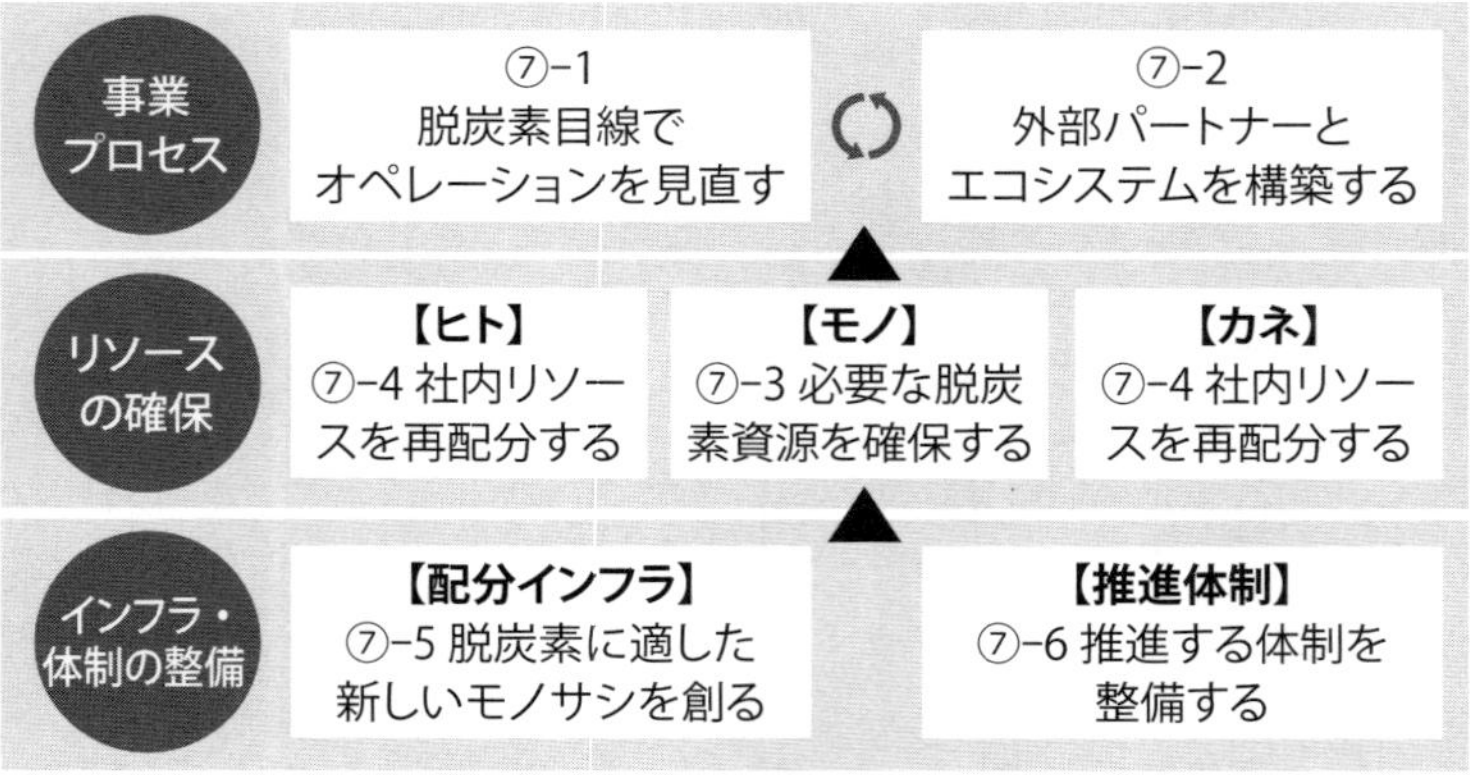

事業プロセス
⑦-1 脱炭素目線でオペレーションを見直す
⑦-2 外部パートナーとエコシステムを構築する
リソースの確保
【ヒト】 ⑦-4 社内リソースを再配分する
【モノ】 ⑦-3 必要な脱炭素資源を確保する
【カネ】 ⑦-4 社内リソースを再配分する
インフラ・体制の整備
【配分インフラ】 ⑦-5 脱炭素に適した新しいモノサシを創る
【推進体制】 ⑦-6 推進する体制を整備する

図表2-3-12　「⑦実行に向けて社内の仕組みを見直す」の全体像
出所：ボストン コンサルティング グループ

また、カーボンニュートラルに向けた大きな変革の実現には、自社で完結せず新しいパートナーやエコシステムにより新たな価値を提供する必要があるため、「⑦－2　外部パートナーとエコシステムを構築する」ことが有効だ。自社の持つアセットと、ベンチャー企業が持つ新たなビジネスモデルを組み合わせることなどがこれに該当する。

その事業プロセスを動かしていくためには、ヒト、モノ、カネのリソースを適切に確保し配分することが必要になる。モノについては、再エネや低炭素型の原料などの争奪戦が起こることが予想されており、「⑦－3　必要な脱炭素資源を確保する」ことに注意を払わなければならない。ヒトとカネについては、「⑦－4　社内リソースを再配分する」ことで手当てする。カネについては投資ポートフォリオの見直し、ヒトについては、カーボンニュートラル経営の担い手の育成に取り組む必要が生じる。

それらのリソースを効果的に活用するための基盤として、インフラ・体制を整備しなければならない。CO_2排出量を管理会計において財務と結びつけるインターナルカーボンプライシングのような「⑦－5　脱炭素に適した新しいモノサシを創る」ことや、脱炭素経営を適切に推進するための取締役会のガバナンスの構築などにより「⑦－6　推進する体制を整備する」ことが求められる。

⑦―1　脱炭素目線でオペレーションを見直す（事業プロセス）

カーボンニュートラルの推進に向けては、競争のルールの変化を意識すべきである。つまり、消費者や顧客企業に選ばれるための基準において、性能や見た目だけではなく、「脱炭素なつくり方」が極めて重要となる。例えば、従来のサプライチェーンは、多くの企業において収益性を最大化する観点でつくられているため、今後は脱炭素の観点での最適化を目指してサプライチェーンを見直す必要がある。

ＬＣＡに基づくサプライチェーンの見直し

サプライチェーンを見直す上では、ＬＣＡに基づく検討が重要となる。ＬＣＡとは、製品やサービスに必要な原料の生産から、製品が使用され、廃棄されるまでのすべての工程における環境負荷を定量的に表すものである。ある特定のプロセスで排出削減しても、その他のプロセスからの排出がそれ以上に増えたら元も子もないためだ。製品の開発・設計の見直しを行う際には、ＬＣＡの観点でCO_2排出量を最小化できるように考えることが重要だ。繰り返しになるが、消費者・顧客企業にとって「どうつくられているか」が重要であることを意識する必要がある。

このＬＣＡに基づき、設計から顧客が利用する段階まで、一連のサプライチェーンを早期に見直したのがアップルだ。まず、設計段階で、エネルギー効率を高めるような製品デザインと低炭素の再生材料を採用。調達においても、前述の通りクリーンエネルギーにより製造された原材料や部品の調達を徹底している。製造では、エネルギー使用を削減する新たな手法を採用するようサプライヤーに対しても働きかけ、物流段階においても、製品の軽量化やパッケージサイズの縮小により、輸送の際のCO_2排出量を削減している。

また、販売時のパッケージの使用量自体を削減しつつ、製品パッケージからプラスチックを排除し再生素材に切り替えている。さらに、顧客の利用においても、消費電力を管理するソフトウエアと電力効率の高いコンポーネントの活用により、耐久性・耐用性を最大化。不要となったデバイスの下取りやリサイクルを強化しつつ、最新リサイクル作業ロボットを活用し、下取りした製品から希土類磁石などの主要素材を効率よく回収している。コスト最適の観点に加えて、ＬＣＡの考え方に基づいて全体のCO_2排出量の最小化を図っている好例だ。

国境炭素調整措置に対応したサプライチェーンの見直し

地域・国をまたぐサプライチェーンにおいては、国境炭素税など移転価格に影響を与える政策を勘案して組み直すことが重要となる。2021年7月にEUが発表した「Fit for 55」の一環としての国境炭素調整措置（CBAM）は、EU域内の事業者がCBAMの対象となる製品をEU域外から輸入する際、域内で製造した場合にEU排出量取引制度（EU ETS）に基づいて課される炭素価格に対応した価格の支払いを義務づけるという措置だ。今回の規則案の対象となるのは、特にカーボンリーケージ＊のリスクが高いセメント、鉄・鉄鋼、アルミニウム、肥料、電力である。こういった移転価格措置を伴うような政策の動向を把握しつつ、適宜最適なサプライチェーンの組み直しを行うことが必要である。

＊ ある国において規制強化などによりCO_2排出コストが上昇した結果、企業が生産などの事業活動を規制が緩やかな他国に移転すること。規制強化した国でCO_2排出量が減少しても、世界全体としてみると排出量が減らない。移転先の国によっては、むしろ増える可能性すらある

一連のサプライチェーンの見直しを行う上で、企業にとってはいくつかチャレンジがある。まずは、排出の実態を正確に捕捉することである。これにはスコープ3も含めた製品、およびプロセス単位の排出量の把握が必要であり、それがなければLCAの最適化は検討

できない。ステップ1の「②自社の排出の実態を把握する」で述べた通り、サプライチェーンの上流・下流のプレーヤーとの連携や業界全体としての取り組み、さらには見える化のソリューションを提供するベンダーのサービス活用などをお勧めする。

次に、前述のEUの国境炭素調整措置の発表のような政策動向をできるだけ早期に把握することが必要だ。受け身で動向を把握するのは難しいため、企業もしくは業界として発信するとともに各種議論への積極的な参画を通じて内部者になるとよいだろう。ここについてはステップ1の「③外部環境を理解する」を参照いただきたい。

⑦—2 外部パートナーとエコシステムを構築する（事業プロセス）

カーボンニュートラルに向けた取り組みは、自社だけではなく調達先や顧客と一体になってどう推進するかがチャレンジとなる。大企業に限らず中小企業も含めて、関連情報やリスクを含めた今後の見通しを共有しつつ、実現に向けた技術・人材・費用の支援も含めて行い、協力して実現していくことが必要となる。そこで重要なことは、外部パートナーを巻き込んでエコシステムを構築することだ。

カーボンニュートラルの実現のためには、社会を大きく変化させる必要があり、従来にない新しい取り組みが必要である。ここまでで説明した取り組みについても、自社だけでは実現できないものが多い。特に、要件を充たすだけではなく、競争優位性の構築や新規事業機会の探索のためには、外部パートナーとのエコシステム構築を通じて、新たな価値を提供することが不可欠である。場合によっては、自社がどうかというよりも、外部のパートナーとどのように組んで取り組みを実現するかを優先して考えるという気持ちが重要である。

例えば、前述したループ（Loop）を中核としたリターナブル容器のバリューチェーンは、包装や配送におけるCO_2排出量を最小化するという提供価値の下、パートナーとエコシステムを構築している好例と言える。

また、公的機関と効果的に連携している例としてアパレルのリーバイ・ストラウスを紹介したい。繊維製品においては、製造工程が温室効果ガスを排出する全要因の中で占める割合が大きい。一方、製造を担う多くのサプライヤーは途上国に立地しており、かつ財務的に貧弱なことが多いため資金繰りができず、環境配慮型設備の自社導入が困難だという課題がある。そこで、同社は世界銀行グループの国際金融公社（ＩＦＣ）と連携し、繊維業界の環境対策を目的とするＰａＣＴ（Partnership for Cleaner Textiles）というプログラムによってサプライヤーを支援している。

具体的には、バングラデシュ、インド、スリランカ、ベトナムなどのサプライヤーが適切な再生可能エネルギーの導入方法を特定し、実施することを支援する。サプライヤーはＩＦＣから低利で融資を受け、工場への再エネ導入を進めることができる。その結果、同社は再エネで生産された低炭素な製品を調達することが可能になる。

同業他社と協力するという視点も重要だ。インディゴ・アグリカルチャーが中心となり、食品関連企業が連携してサステナブルな農作物の調達にコミットしたことにより、農家が安心して農業のサステナブル化に取り組むことが可能になった。サステナブルな原材料の生産には、生産者の新たな投資や、既存の方法の変更を伴う場合が多いため、生産者にとってリスクを感じる部分だ。この取り組みでは、買う側が事前に購入をコミットする、しかも複数の会社が同時に行い需要のボリューム面を確保することにより、生産者のリスクを低減できる。このように同業他社と連携して業界全体のエコシステムをつくることも必要だ。

調達先や顧客との連携が不可欠であるが、それ以外にも様々なノウハウや技術を提供してくれるプレーヤー、また消費者向けであれば顧客接点を持っているプレーヤーとのパートナーシップも重要となる。技術を提供してくれるプレーヤーとして大学の存在も忘れてはいけない。技術面で多くのノウハウ、シーズ、専門家を抱えており、大学との連携はより一層重要となるだろう。海外では、オックスフォード大学、ケンブリッジ大学、ＭＩＴなど多くの大学でカーボンニュートラルに関する産学連携・テストベッド的な動きが進みつつある。国内では、１８８の大学、大学共同利用機関、高等専門学校、研究機関などと文部科学省・環境省・経済産業省などが協力して設立された「カーボンニュートラル達成に貢献する大学等コアリション」の今後の動向に注目する必要がある。

なお、カーボンニュートラルに向けた取り組みは、短期的には協業先を含め収益的にネガティブインパクトとなるものも多い。そのため、連携して取り組むことの提供価値を明確にするとともに、各社の意義・必要性をクリアにしつつ、収益や費用配分について効率的に議論を進めることが重要である。

⑦－3　必要な脱炭素資源を確保する（リソースの確保）

バリューチェーンオペレーションの見直しと並んで大きな課題となるのが、リソースの確保である。まずはヒト・モノ・カネのうち、「モノ」に当たる脱炭素資源の獲得について考えてみたい。なお、脱炭素資源は多岐にわたり、再生可能エネルギーだけではなく、関連する原材料や、その運搬・生成に関わる機器まで含まれる。

再生可能エネルギーの確保

日本政府の「２０３０年までにＣＯ$_2$排出量46％を削減する」という目標に向けては、電源構成のうち36～38％（２０２１年7月「エネルギー基本計画（素案）」の数値）を太陽光・風力など再エネで賄うことが必要と言われているが、これは極めて野心的に再エネ発電を拡大させる想定の数値になっている。太陽光、洋上風力、バイオマスなど多くの再エネ生産が検討されているが、土地や海の利用に関する制度や関係者との調整が障壁になっていたり、日照条件や風速などの条件に恵まれずコスト面が高かったりという要因で、日本の再エネの拡大には困難が伴い、必要量の確保のめどは立っていない。

このような状況を踏まえ、各企業にとっては、どのように必要な再エネを確保するかが重要だ。一つの方法は、再エネ事業を積極的に推進する企業と早めに組むことだ。また、再エネ同様に、水素やアンモニアなども確保の対象となる。ドイツのボッシュは、ドイツ国内で新たに契約したＲＷＥ、Statkraft、Vattenfall各社の発電所から独占的にクリーン電力の供給を受ける予定であり、ドイツ国外でも同様の長期契約の締結を目指している。また、メキシコでは、既に最大でエネルギー需要の80％がこのような新クリーン電力で賄われている。

もう一つは自らつくるという方法である。例えば、第一三共は、電力会社から再エネ電力を購入するのみならず、ＮＴＴファシリティーズと組んで小名浜工場の敷地内の遊休地を活用した太陽光発電を実施している。発電した電気は、同工場で使用し、発電設備の設置や維持管理などはＮＴＴファシリティーズが実施する。この取り組みにより、同工場のCO_2排出量を約20％削減できると期待されている。

また、電化で対応できないエネルギー需要を賄ったり、発電を安定化させたりするためには水素の活用がカギになる。しかし、カーボンニュートラルな水素であるグリーン水素の生産には再エネ電力が必要であるため、ここでも日本の再エネ電力のコストの高さがハードルになる。そのため、日本企業による海外での水素生産・日本への輸入の検討も一部着手されている。例えば、ＥＮＥＯＳは、オーストラリアの再エネ発電事業者、ネオエンとの協業の検討を開始した。再エネが安価なオーストラリアでグリーン水素を生産し、その水素を日本に輸入するサプライチェーンを構築することを目指している。

関連する脱炭素原材料の確保

資源やエネルギーだけでなく、原材料の調達も課題である。例えば、様々な日用品、食品の原材料となっているパーム油は、生産におけるサステナビリティを評価するＲＳＰＯ（持続可能なパーム油のための円卓会議）認証を受けているものを使用するのがグローバル企業のスタンダードになりつつあるが、その量は不足しており、認証パーム油の獲得競争が起こっている。

プラスチックのリサイクルの取り組みも進んでいるが、日本国内の廃棄プラスチックをすべてリサイクルできたとしても、現在のケミカルリサイクル技術では再生効率が低く、製造できる基礎化学品は国内需要の10％程度にとどまる。再生効率の高い新技術（高分子を重合前のモノマーに還元するなど）の開発に期待がかかるが、ポリエチレンなど需要の大きな製品に適用できる見通しは立っていない。

生成・運搬のための機器の確保

なお、脱炭素資源そのものではないが、その生成・運搬のための機器の供給が不足することも同様に問題となる可能性がある。例えば、グリーン水素を生成するには電解槽が不可欠だが、これは国内でも世界でも供給が逼迫している。また、水素やアンモニアについても、国内で十分な量が生産できておらず、輸入に頼るとなると海外の生産地から日本までの海上輸送に大規模な船団が必要になり、水素の場合、液体水素で運ぶとすると液化水素船は実証段階的な1隻程度しか存在しない。アンモニアはLPG船で輸送できるが、今世界にある300～400隻ほどの大型LPG船はLPG輸送に主に使われていて、石炭発電を置き換える規模のアンモニアを輸送するためには別途建造・調達が必要となる。

このように、現段階では不確定な要素が非常に多いが、先んじて手を打っておかないと、後々、脱炭素資源を獲得できず、自社のビジネスを縮小、もしくは最悪止めなければいけない事態にもなりかねない。そうした事態を避けるためにも、ステップ1の「③外部環境を理解する」「④自社にとってのチャンスとリスクを洗い出す」を念頭に、少し先の時間軸も見据えて、自社にとって必要な脱炭素資源を取り巻く状況を理解しておくことが大事である。その上で、今から必要な資源の確保のために自社として何をすべきかを定め、動き出すことが重要である。

⑦－4　社内のヒト・カネを再配分する（リソースの確保）

当然ながら、社内のリソース（ヒト・カネ）は貴重であり、既存の事業や取り組みに適切なかたちで配分されているだろう。では、カーボンニュートラルへの取り組みを行うために新たに外部から獲得すればよいかというと、必ずしもそういうわけではない。専門的な人材や不足している人材の一部は外部から確保することになるが、企業全体の収益性を悪化させるようなヒトの抱え方は難しい。また、カネについても企業にとってのアセットの最大効率化という観点から既存予算の再配分を含めて考える必要がある。そのため、本書で述べている取り組みについての優先順位を上げ、優先的にリソースを確保することが不可欠だ。その際、カーボンニュートラルへの貢献度合いや必要性の観点も考慮する必要がある。

なお、ヒトについては、最適配分以前に、適切なケイパビリティを持った人材の絶対数の不足が課題だ。多くの企業では、本書で議論しているような、経営の観点からカーボンニュートラル戦略を検討できる人材が不足しているのが現状だろう。これは従来、企業の中で環境対策はCSRとして位置づけられており、自社の売り上げや利益といった経営面の戦略と切り離されて検討されてきたためであると考えられる。その結果、環境対策のプロフェッショナル人材（ただし経営のことは分からない）と経営のプロフェッショナル人材（ただし環境のことは分からない）が、企業内で別々に育成されてしまっている。カーボンニュートラルを理解した経営レベルと実務レベルの双方の人材の確保・育成も重要である。

カネについても同様の見直しが必要となる。新規事業に対して大規模な投資を行うことをためらう企業も多いだろうが、気候変動対策を最重要視し、思い切って動いている企業もある。ステップ2の「⑤自社の大方針を設定する」でも紹介したが、マイクロソフトは、脱炭素に大きなビジネスチャンスが存在すると見て、炭素削減や除去の技術に投資するために10億ドルの投資枠を設定している。投資基準は、「脱炭素化、気候変動への対応、その他の持続可能性への影響が期待できる戦略がある」「現在および将来のソリューションを加速させることによる市場への影響がある」「マイクロソフトとの関連性」「発展途上国を含めた気候変動への公平性への配慮」の４つである。10億ドルもの投資には、マイクロソフトが持つデジタルの強みを活用して革新的な脱炭素ソリューションを生み出し、さらなる自社の成長につなげていく意欲がうかがえる。

新しい事業プロセスをうまく立ち上げていくには、必要なリソースをスピード感をもって投入できるかどうかが成否を分けると言っても過言ではない。また、リソース配分についてはステップ３の「⑧自社の取り組みについて徹底的にＰＤＣＡを回す」を実施する一環として、適宜見直すことが重要である。

⑦―５　脱炭素に適した新しいモノサシを創る（インフラ・体制の整備）

従来の企業における判断軸・基準（モノサシ）では、必要なリソースを適切に確保・配分し、さらには事業の実施を判断することは難しい。なぜなら、従来のモノサシは収益性に偏っているからだ。収益性の基準に脱炭素の要素を加えた、新しい事業投資やリソース配分のモノサシが必要となる。

なお、脱炭素は収益性と全く関係がないわけではない。CO_2の排出量が多ければ顧客が取引をやめてしまい既存の収益を失うことになるし、国境炭素調整措置などを踏まえると欧州への輸出においては追加的な支払いが必要になる可能性もある。その意味で、顕在化していない経済性を織り込んだ新しいモノサシを創るとも言える。

その新しいモノサシとして注目されているのが「インターナルカーボンプライシング」である。これは炭素税と類似の仕組みを、社内活動に適用するものだ。社内での実際の資金移動の有無と活用方法により大きく3つのパターンが考えら

	価格の活用方法	活用例
Shadow price (シャドープライス)	資金のやりとりなし ●気候変動リスクを定量的に把握(見える化)	排出削減対策の投資判断 ●CO_2排出に伴うコストを経済価値化し、投資判断の基準に 事例1 アステラス製薬
Implicit carbon pricing (暗示的カーボンプライシング)	●投資指標に入れることで、意思決定の参考データとする	低炭素投資の優遇 ●排出削減分を収益と見なすことで、低炭素な投資を優遇 事例2 テトラパック
Internal fee (内部炭素課金)	資金のやりとりあり ●社内で排出量に応じて、資金を実際に回収、低炭素投資などへ活用	低炭素ファンドの財源に ●部単位で排出量に応じて実際の資金を回収。低炭素投資に充当 事例3 マイクロソフト

図表2-3-13　インターナルカーボンプライシングのパターンと事例
出所: 環境省「インターナルカーボンプライシングの概要」

れる（**図表2-3-13**）。

1つ目は「Shadow price」（シャドープライス）である。これは、実際に資金のやりとりは発生せず、CO_2排出削減に関連する投資を行う際に、純粋な経済性だけではなくCO_2排出に伴うコスト・リスクを経済価値化して織り込むことで、CO_2排出削減に寄与する投資を行いやすくするものである。

2つ目は「Implicit carbon pricing」（暗示的カーボンプライシング）である。シャドープライスと同様に資金移動はないが、排出削減分を利益と見なすことで、投資判断で低炭素な事業・機器を優遇するというものもある。

3つ目は「Internal fee」（内部炭素課金）で、これは実際に課金する仕組みである。例えば、削減対策投資の財源となる社内ファンドを組成し、そこに必要な資金として各部門に対して排出量に応じた金額を課金するような仕組みだ。

日本を含む多くの国で既に炭素税が導入されているし、前述のEUの国境炭素調整措置など、今後CO_2排出量に伴い追加的な課金がなされることも想定される(日本の炭素税については、現時点では非常に低い金額であり実質的な影響はかなり限定的である)。この動きが強まる中、社内のリソース配分においてもリンクさせる必要が高まることからも、インターナルカーボンプライシングを社内にどう取り入れるかを検討する企業が多くなるだろう。

実際の資金移動を伴わない仕組みであればハードルは高くない。社内のCO_2排出量の意識向上を進めることができるため、読者の皆様の企業においても導入をお勧めする。

⑦-6 推進する体制を整備する(インフラ・体制の整備)

取り組みの実現に向けては、組織内に適切な体制を整備すべきである。前提として、全社的なコミットを担保するために、経営・コーポレート・事業部が連携した体制が必要だが、これに加えて、カーボンニュートラルやLCAなどを念頭に置いたサプライチェーン構築には専門的ノウハウが必要であり、これを支援する専門機能部門が不可欠だ。

さらに、カーボンニュートラルに向けた取り組みの実施状況のモニタリング体制や適切なガバナンスの仕組みを構築する必要がある。モニタリング体制については、お手盛りにならず、他社との横比較の視点を入れるためには、第三者的な立ち位置で見ることが不可欠であり、取締役会にひも付く諮問委員会的な位置づけにすることも考えるべきだ。また、ガバナンスについては、前述の通り、インターナルカーボンプライシングなども織り込んだ事業評価の仕組みを確立することも必要である。海外の先進事例では、役員の成果報酬の評価基準の中に、ESGの観点を取り入れることでインセンティブ付けしている例も増えている。

ESG推進の体制については、「Ⓐ専任部署推進型」「Ⓑセンター・オブ・エクセレンス型」「Ⓒ部門別分権型」の3つのパターンが見られる。

「Ⓐ専門部署推進型」は、サステナビリティの業務を特定の部署に集中させ、各事業部門と緩やかな連携を行う。従来の多くの日本企業でこの専任部署推進型を取っていたことが、前述した経営人材と環境人材の分断を引き起こしていたと考えられる。その反対の発想が、各部門の中にサステナビリティ担当を置く「Ⓒ部門別分権型」だ。この方法は、当該部門のリーダーのサステナビリティに対するコミットメントが低いと、優先順位が下がってしまうという弱点がある。また、部門ごとにバラバラに動くため全社としての統一感がある対応ができず、ノウハウも部門間で共有しにくい。

そこで、現在国内外の先進企業で中心になってきているのが、「Ⓑセンター・オブ・エクセレンス型」だ（**図表2-3-14**）。サステナビリティ担当役員の下でサステナビリティに関する全社戦略を検討し、各事業部門による実行のサポートや実施状況のモニタリング、改善提案などを行う。一方、各事業部門にも

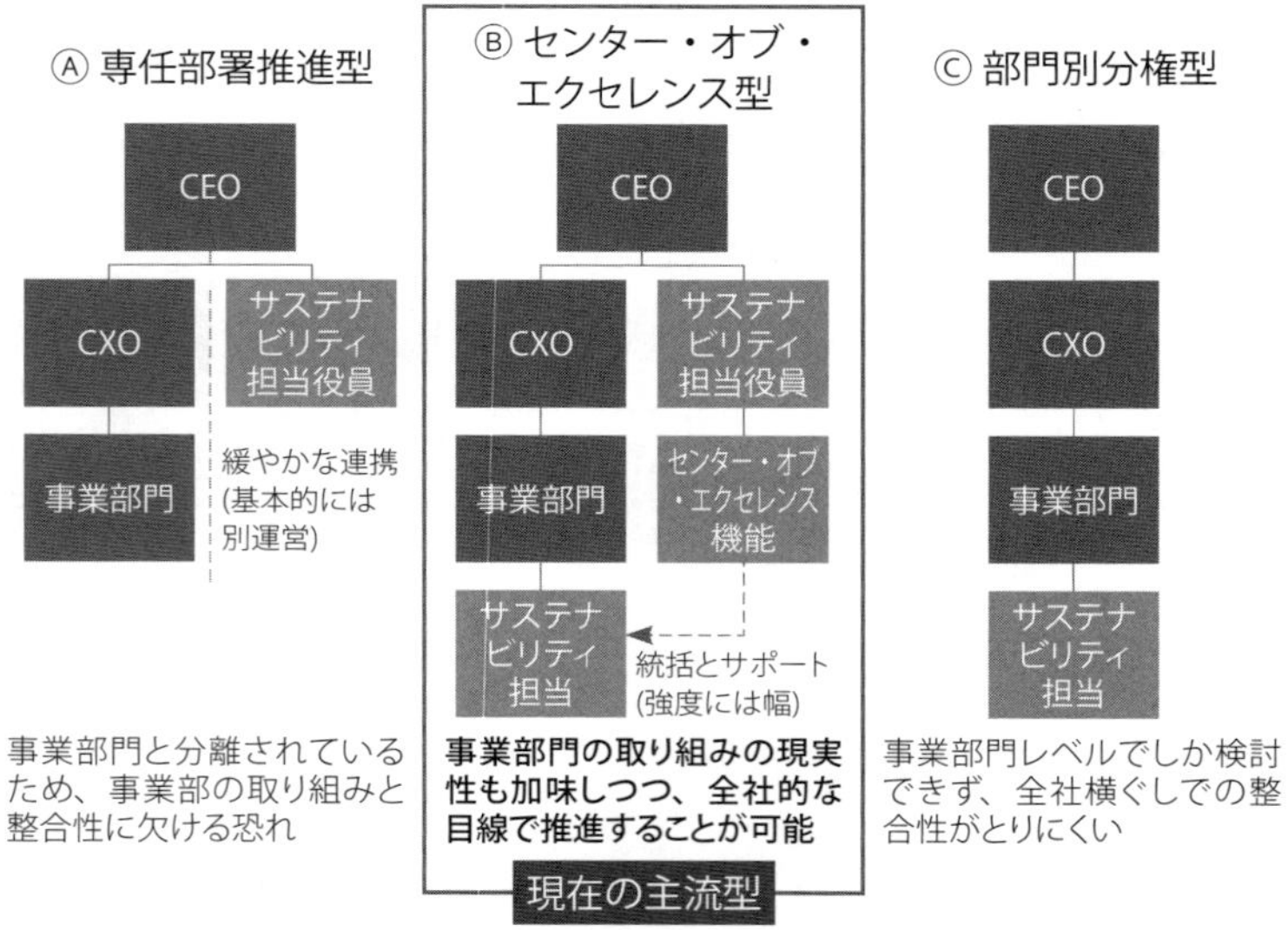

図表2-3-14　ESG戦略推進体制の類型および方向性
出所：ボストン コンサルティング グループ

サステナビリティ担当のチームを置き、部門ごとの取り組みの責任を持つ。この形式は、全社としての戦略や取り組みに統一性を持たせつつ、各事業部門が責任を持ってサステナビリティに取り組むために効果的な体制となっている。

例えば、ボストン・プロパティーズは、カーボンニュートラルを含む環境問題に対する成果をモニタリングする機能として、取締役会にサステナビリティ委員会を設置した。この委員会は、取締役会のリスク監督責任を補佐するとともに、ベストプラクティスやトレンドを含むサステナビリティに関するあらゆる情報・知識・アイデアを提供することを主な目的としている。サステナビリティへの取り組みは、この取締役会レベルの委員会と、各地域のリーダーや主要な意思決定者で構成される全社レベルの委員会などによって調整される。

国内では、味の素がセンター・オブ・エクセレンス型の一例だ。取締役および外部の専門性が高いアドバイザーも含めた「サステナビリティ諮問委員会」が全社方針を定めた後、経営陣が中心の「サステナビリティ委員会」が戦略を具体化する。実務は「サステナビリティ推進部」が担う。各事業部門では、戦略に基づく関連した取り組みを実行する（**図表**

2-3-15）。

必ずしもこの方法にとらわれる必要はないが、カーボンニュートラルを推進するには、適切なガバナンスを行う仕組みは不可欠であるため、未整備の企業には早急に関連組織を立ち上げることをお勧めする。なお、これらのモニタリングやガバナンスの体制を整えるに当たり、大きな課題となるのが適切な外部人材の確保だ。女性の社外取締役候補の奪い合いと同様に、カーボンニュートラルについて適切な意見を出せる人材は希少であり、取り合いになる前に確保しておくことが重要である。

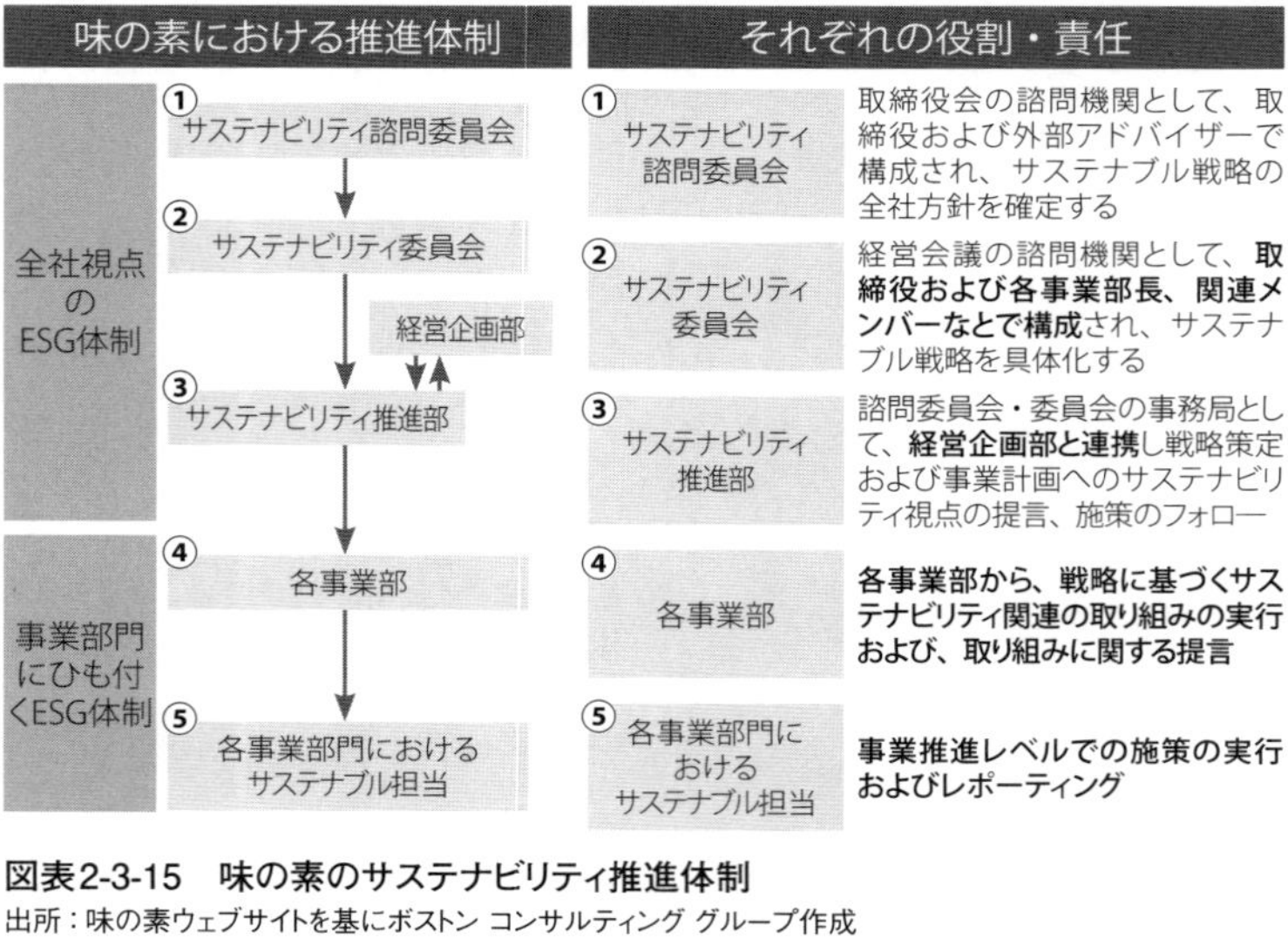

図表2-3-15　味の素のサステナビリティ推進体制
出所：味の素ウェブサイトを基にボストン コンサルティング グループ作成

2-4 ステップ3 着実に推進し、成果を示す

ステップ1で準備をすること、ステップ2で大方針を立て、戦略を定めることを順に概観してきた。ステップ3では実行面にフォーカスし、留意点やポイントについて考えていきたい（**図表2-4-1**、**図表2-1-4再掲**）。まず、最も重要なことは「戦略を定める」ステップで特定した取り組みをどう徹底して進めていくかということだろう。そこから始め、社会全体のカーボンニュートラルに向け、自社を超えて幅広い組織との連携を通じた社会

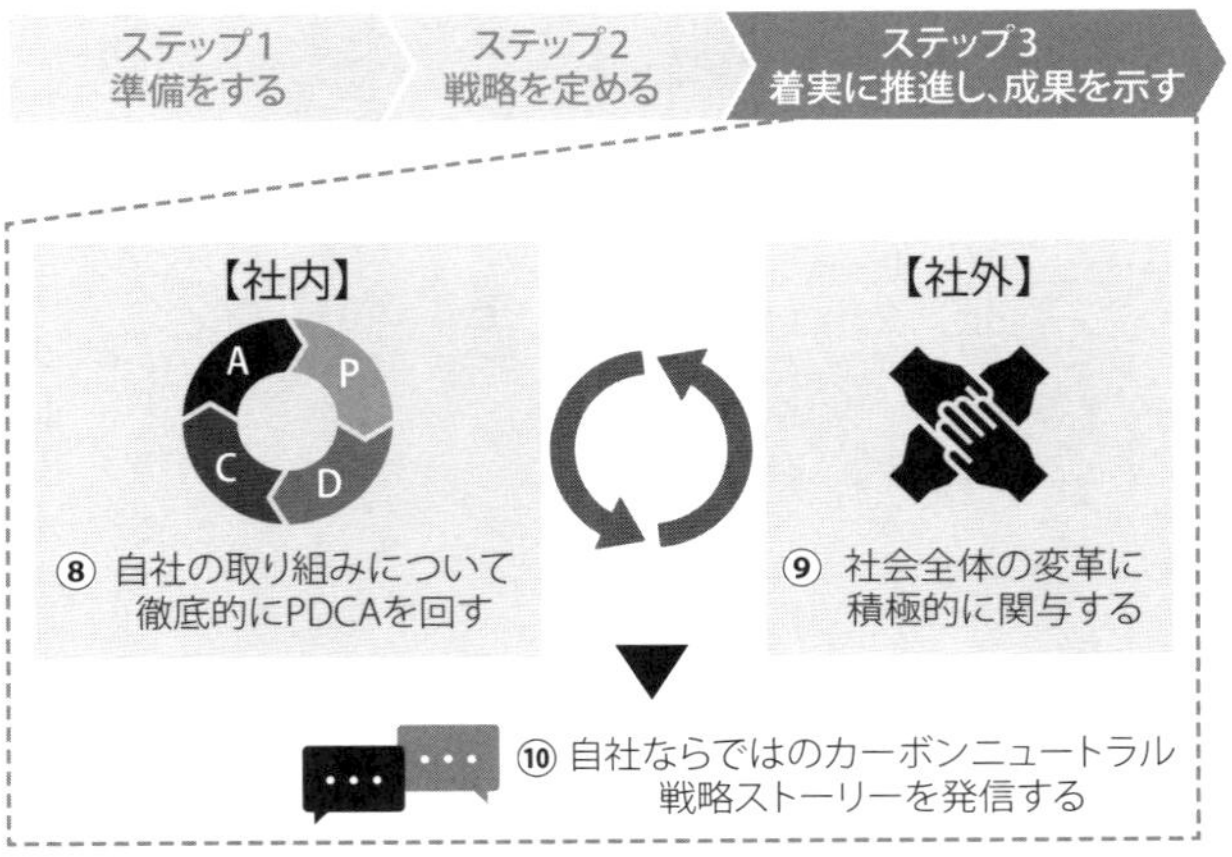

ステップ1
準備をする
ステップ2
戦略を定める
ステップ3
着実に推進し、成果を示す
【社内】
A
P
C
D
⑧ 自社の取り組みについて
徹底的にPDCAを回す
【社外】
⑨ 社会全体の変革に
積極的に関与する
⑩ 自社ならではのカーボンニュートラル
戦略ストーリーを発信する

図表2-4-1　ステップ3の全体像（図表2-1-4再掲）
出所：ボストン コンサルティング グループ

変革活動に積極的に関与すること、さらには自社の取り組みの成果を戦略的に外部のステークホルダーに伝えることについて、それぞれ必要なアクションや留意ポイントを示していきたい。

⑧自社の取り組みについて徹底的にPDCAを回す

PDCAサイクルを組み込んだプロジェクトマネジメントが重要

ここまでに確認してきたように、カーボンニュートラルへの取り組みは、今後多くの企業において、最重要プロジェクトの一つという位置づけで進められるようになるだろう。だが、全社を対象とするプロジェクトとなるため、スケールが大きくかつ複雑で、期間も著しく長期にわたる。その上、高い目標を掲げることが多いため、難度が高い取り組みになる。よって、戦略の良し悪しもさることながら、実行の巧拙により成果が大きく左右される。この難度の高いプロジェクトを成功させるための工夫やコツは種々考えられるが、カーボンニュートラルというテーマの性質を考えると、PDCAサイクル（Plan：計画→Do：実行→Check：評価→Action：改善）を通常のプロジェクト以上にしっかりと組み入れながら、進めていくことが重要である。

なぜか。カーボンニュートラルにおいてＰＤＣＡがひときわ重要になってくる理由はいくつかある。まず、カーボンニュートラルに向けての取り組みには未知なところが多く、難度が高いことだ。設定された目標を達成することは通常の場合に増して難しい。パフォーマンスを振り返り（Check）、改善点を常に考えていく（Action）ことをきちんとサイクルに組み込むことにより、創意工夫を促し、高い目標をクリアできる確率を高めることが大切になる。

このようなＰＤＣＡサイクルを明確に定めて取り組みを進めている国内企業は少ないが、オムロンはＰＤＣＡを織り込んだ運営をオープンにしている（**図表2-4-2**）。

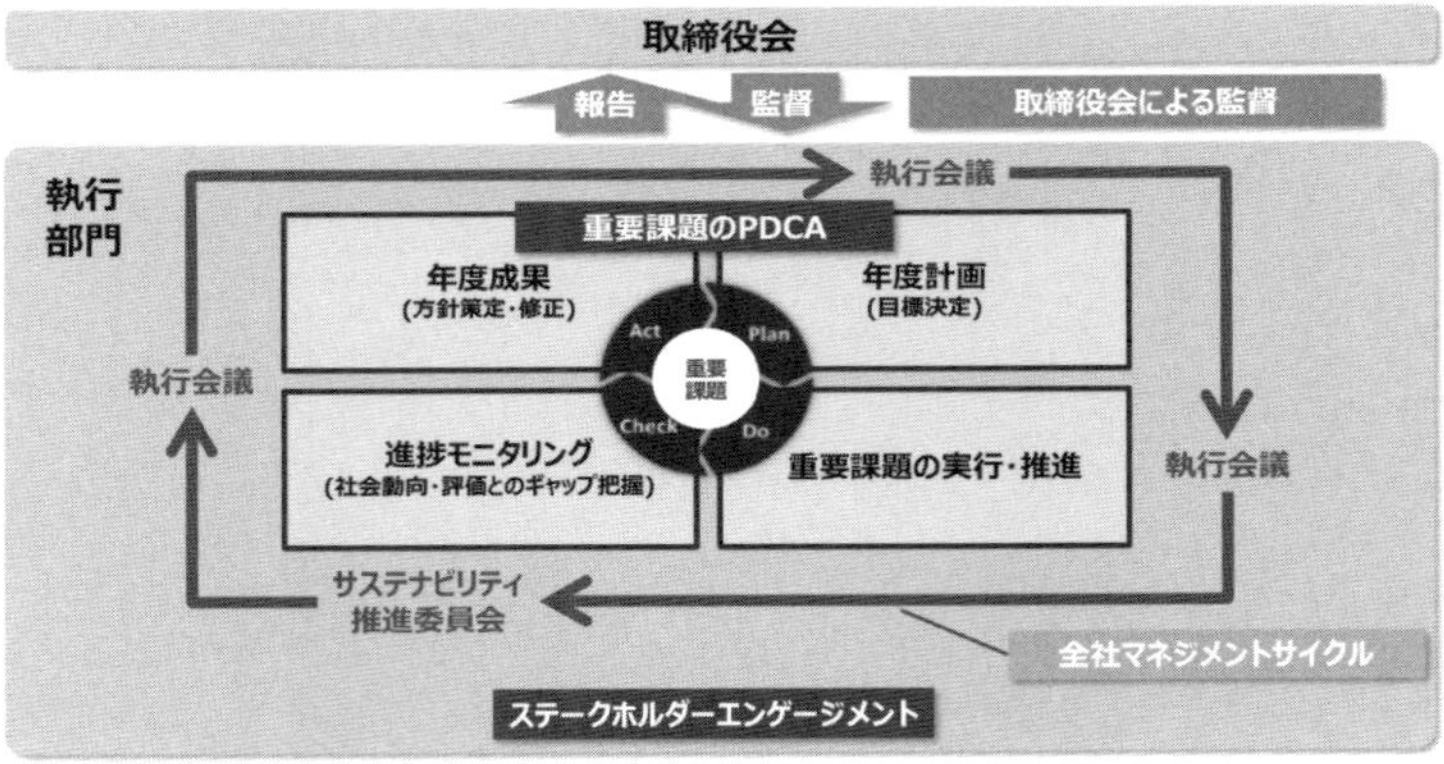

図表2-4-2　オムロンにおけるPDCAサイクル
出所: オムロン提供

繰り返しになるが、カーボンニュートラルを取り巻く環境は極めて不確かである。政府の規制、市場競争環境、技術の進化、消費者の意識、これらの多くで、想定とは異なることが起きて、前提が変わってしまうことがままあるだろう。そのような状況では、完璧な計画を最初につくり込むより、現時点において十分に妥当と考えられる計画を立てておき、随時PDCAサイクルを回しながら、計画を見直していくこと（Action → Plan）がより現実的な対応になる。

通常の「プロジェクトマネジメント＋PDCA」を超えて意識すべき留意点

カーボンニュートラルに向けた取り組みで、PDCAの要素を通常以上にしっかりと取り入れてプロジェクトマネジメントを進めていくとき、留意すべきポイントがいくつか考えられる。

まず、強いPMO（プロジェクトマネジメントオフィス）あるいは事務局を設定し、プロジェクトの要とすべきである。カーボンニュートラルに向けての取り組みは、多くの参加者を巻き込む大規模なプロジェクトであるため、フォローすべきタスクも非常に多くなる。それらの進捗状況を常に把握し、全体像をアップデートし、プロジェクト全体レベルのＰＤＣＡを回していくには、しっかりとしたＰＭＯが不可欠である。また、ＰＭＯは、無数にあるタスクごとのＰＤＣＡもモニタリングして、適宜サポートもしていく必要がある。よって、事務局の業務は単に各部門の計画のとりまとめをする、というレベルをはるかに超えるものとなるため、力量あるメンバーを配置したい。

トップマネジメントの強い関与も必須条件だ。カーボンニュートラルには未知な部分が極めて多く、かつ、部門ごとの対応では処理できない全社的な課題も多い。よって、ＰＤＣＡサイクルで浮き上がってきた問題点を、部門を超えた高い目線で次々に解決していく必要がある。定例ミーティングにトップマネジメントが積極的に参加し、その場で意思決定していくことが重要になる。カーボンニュートラルへの取り組み優先度が最上位であることを常に示すためには、トップの物理的な参加が不可欠だ。

加えて、ＰＤＣＡの基本でもあるが、Ｐ（計画）の起点となる目標設定では、通常以上に定量化にこだわる必要がある。従来の収益目標や事業の運営に関わるＫＰＩなどと異なり、CO_2削減についてはどの企業も累積経験が十分でないため、関連する目標は、定量化が粗いレベルにとどまっていたり、保守的で低めの数値に抑えられていたり、曖昧な定性的記述にとどまったりしがちである。ＰＤＣＡの効果を最大化させるためにも、しっかりと、野心的な数値目標を織り込んでおくことが肝要だ。

３Ｍが行っている取り組みはこの好例となる。同社は、自社の取り組みに対する進捗状況を施策ごとに可視化し、気候変動に関するリスクマネジメントとして、リスク項目の洗い出しや各リスク項目の評価プロセスを定めている。具体的には、３つの戦略（「Science for Circular」「Science for Climate」「Science for Community」）における、それぞれの進捗状況を可視化し、その取り組みの加速化を促している（**図表2-4-3**）。

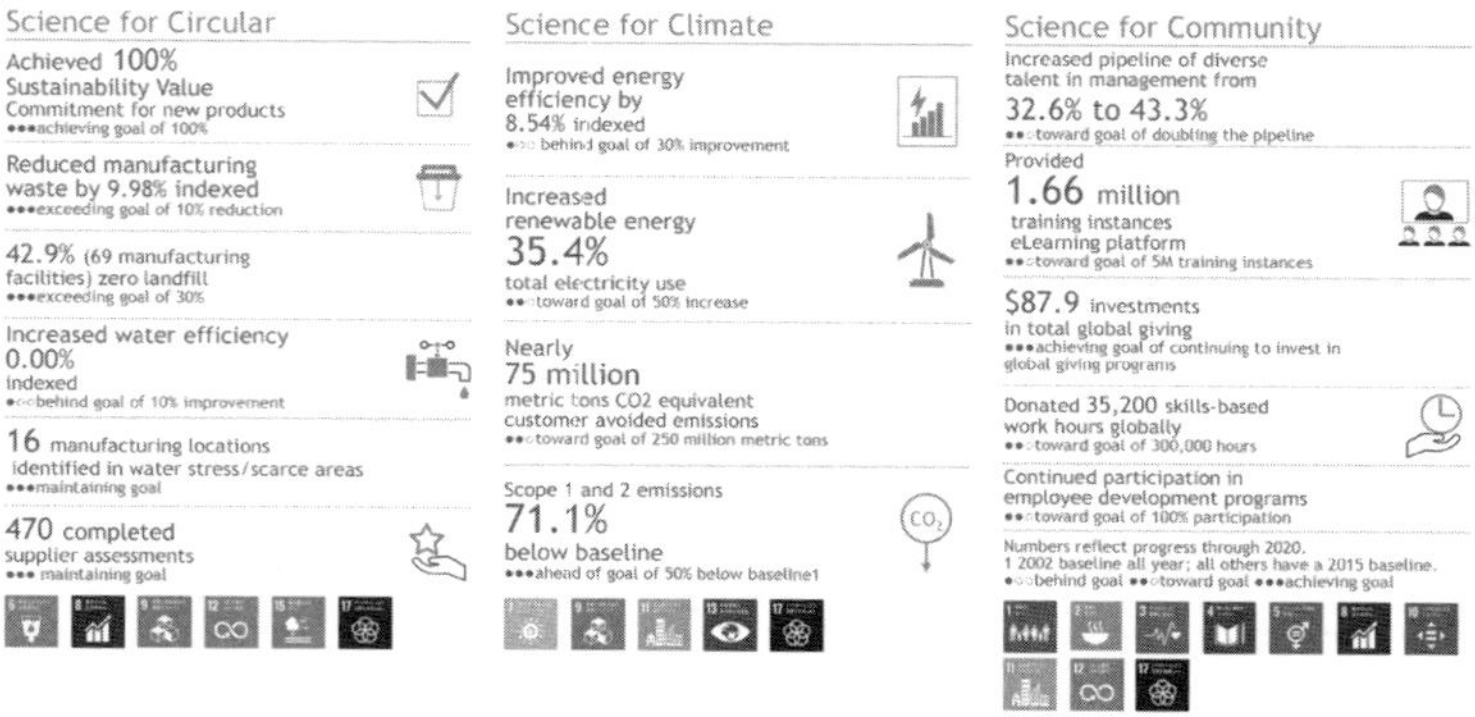

図表2-4-3　3M社のサステナビリティ目標の進捗状況の報告
出所: 3M Sustainability Brochure 2021

また、PDCAサイクルは通常以上に高速で回していかなければならない。カーボンニュートラルの最終目標ははるか先にあるが、環境変化が著しく速いため、機敏な方向修正が必要だからだ。また、壁にぶつかったときに適宜修正プランを準備するために、振り返りの周期は短い方がよい。

プロジェクト仕立てで、規律をもって進捗をモニタリングする流れにおいては、比較的努力が積み上がりやすい「守り」向けの施策、すなわち、CO_2の削減に関わる施策にマインドシェアが移動しがちだ。特にPMOや事務局を務めることが多い経営企画部門がCO_2削減の全体責任を負い、「攻め」に関しては事業部が主管になっている場合は、「守り」の議論が優先され、「攻め」のマインドが弱まる傾向がある。しかしながら、カーボンニュートラルへの取り組みで目指すところを考えれば、CO_2削減はコインの片側にすぎず、「攻め」の施策も重要である。よって、「攻め」の方のマインドが弱まらないよう、意識としては「攻め」に比重を置くくらいの運営が好ましい。

以上が、効果的なPDCA、プロジェクトマネジメントに向けての主要な留意点、定石である。ただ、個社ごとの特徴や業種特性によって、どの要素を強めに取り入れるかは異なってしかるべきで、汎用的なやり方はないとも言える。成功事例を見ると、試行錯誤しながらも独自の進め方を編み出していることが多いので、確実な成果の創出に向けては早めに自社のやり方を構築することが重要である。

⑨社会全体の変革に積極的に関与する

社外、社会へ積極的に関与、働きかけをしていく意義

既に述べてきたように、カーボンニュートラルの実現に向けては個社としてもやるべきことが山積している。そのような状況にあっても、自社を超えて、産業界、社会全体のカーボンニュートラルへの取り組みに積極的に関与している企業が少なくない。もちろん、社会全体の利益を考え、行動することは企業市民としての責務ではあるが、自社における取り組みに加えて追加的な努力をしている理由はどうもそのためだけではなさそうだ。カーボンニュートラルの文脈において、社外、社会へ積極的に関与、働きかけをすることには、どのような意味があるのだろうか。

繰り返しになるが、カーボンニュートラルは、産業、国、世界にとって、極めて難度が高い、大作業である。また、私たちはまだその長い道のりの入り口にいて、規制、ルール、

協働の枠組みなどの多くはこれから決めるという段階にある。この段階では、企業にとっては、規制、ルールなどが決まるのを待つのも選択肢であるが、自社の優位性が最大限発揮できるようなルールの形成を主導するのも選択肢になってくる。つまり、産業、社会へ積極的に関与することは、有利なルールや競争の枠組みをつくることにつながるのだ。

また、先が見えない段階でリーダーシップを取ろうという姿勢は、バリューチェーンを包含するエコシステム形成においてリーダーシップを取り、バリューチェーンを自社に有利なかたちに持っていくことにも寄与する。既にエコシステムのリーダーである場合であっても、産業や社会への貢献を通じてプレゼンスを上げることで、より多くの企業を引き付け、より強いエコシステムを形成することにつながる。

さらに、脱炭素という社会的なプロジェクトに早期から関与すれば、新しいビジネスチャンスにアクセスできる可能性は高まる。潜在的な競合相手に先んじることができるからだ。加えて、カーボンニュートラルは明らかに社会的意義が大きく、そのような取り組みに積極的であることを示せれば、自社のブランド価値向上への効果は大きい。消費者や取引先への効果はもちろん、従業員の帰属意識を高めることにもなる。特に、Z世代に向けては、こうした効果は大きいとされる。

このように、企業にとって、社会変革に積極的に貢献することのメリットは大きい。一方で、社会全体の変革に対して個々の企業が果たせる役割も大きい。個別の企業の立場から、経済団体を通じて貢献し得るし、国際社会や各国の政府、地方自治体などとともに、社会のあり方や制度についての提言を発信していくこともできる。企業が社会に積極的に働きかけることは、自社のためだけの利己的な行動でもなく、社会全体の利益への貢献だけを目指す行動でもなく、自社と社会全体とがwin-winになる取り組みと言える。

社会への関与のパターン

では、社会への関与には、どのようなやり方やパターンがあるのだろうか。カーボンニュートラルに向けた取り組みが進んでいる欧米の事例を参考に、主要なパターンをいくつか概観してみたい。

最も想起しやすいのは、各種国際機関やイニシアチブで主導的な役割を果たし、ルール形成に貢献しつつ、影響力を与えるパターンである。世界の気候変動にまつわるビジネスのルールは、現状、政府の条約や法律ではなく、民間企業が主導するイニシアチブにより形成されていることが少なくない。例えば、企業のＧＨＧ排出量の計算のデファクトスタンダードとなっているＧＨＧプロトコルは、環境団体ＷＲＩ（World Resources Institute）と、グローバル企業のＣＥＯによるコンソーシアムであるＷＢＣＳＤが策定したものだ。

グローバル企業の中には、ＷＢＣＳＤやＴＣＦＤなど、企業のサステナビリティの取り組みの事実上のルールを構築している組織において、リーダーの役割を務める企業も少なくない。また、これらの企業はほとんどの主要組織・イニシアチブに対して、少なくとも実務担当レベルでは人を送り込んでいるのも注目に値する。残念ながら、日本企業がこのようなグローバルな枠組みに入り込めている例は極めて限定的だ。**図表2-4-4**は、グローバルの小売り・食品企業の脱炭素関連国際組織への参画状況を整理したものだ。

この対極にあるパターンとして、自身のビジネスに深く関わりのある、特定の領域における全体最適に向けて、１社で強いリーダーシップを取るというかたちがある。代表的な例として、ユニリーバのパーム油領域での取り組みが挙げられる。

ユニリーバは、自社にとって重要な原料であるパーム油に関して、サステナブルな生産を担保する基準づくりを自らリードすることで、パーム油業界のサステナビリティのリーダーとしての評価を得ている。パーム油は、食品や日用品などを製造・販売する同社の主要原材料の一つであり、マーガリンやアイスクリー

ESG基準および基準策定に向けた取り組み	小売り・食品企業の参加状況（2020年10月確認時点）				
	Wal-mart	Tesco	Unilever	Danone	Nestlé
●「Investing with SDG outcomes」レポート内で関連する枠組みを発表	N/A	N/A	✓	N/A	N/A
●「Towards Common Metrics and Consistent Reporting of Sustainable Value Creation」レポートで基準を発表	✓	N/A	✓	N/A	✓
—	✓	✓	✓	✓	✓
●"Protein Impact Framework"を発表	✓	N/A	✓	✓	✓
—	N/A	N/A	✓	✓	✓
—	✓	✓	✓	✓	✓
●"GFSIBenchmarking Requirements"に基づく認証を実施	✓	N/A	N/A	✓	✓
●"Primary Production Scope"を発表 ●"At-Sea Operations benchmark criteria"を発表	N/A	✓	✓	✓	✓
●"TCFDGuidance2.0"を発表	✓	✓	✓	✓	✓
●（基準設定に向けた活動を開始）	N/A	✓	N/A	N/A	N/A
●"SASB Rules of Procedure" "SASB Conceptual Framework" の修正案を発表	✓	N/A	✓	✓	N/A
●"Universal Standards for improving the quality and consistency of sustainability reporting"修正案を発表	✓	N/A	N/A	N/A	✓
●（基準設定に向けた活動を開始）	N/A	N/A	N/A	N/A	N/A

■：議長・ボード相当の地位
■：一般メンバー相当の地位

シップポジションへの就任状況（グローバルな小売り/食品企業の場合）

ム、せっけんやシャンプーといった多くの製品に活用されており、ユニリーバに限らず、多様な企業が広く活用する原料だ。

主な国際機関名（下部組織含む）	組織形態
PRI（責任投資原則）	フォーラム
WEF（世界経済フォーラム）	フォーラム
WBCSD（持続可能な開発のための世界経済人会議）	フォーラム
FReSH+ Scaling Positive Agriculture	WG/TF
FReSH（Food Reform for Sustainability and Health）	WG/TF
CGF（ザ・コンシューマー・グッズ・フォーラム）	フォーラム
GFSI（世界食品安全イニシアチブ）	WG/TF
SSCI（サステナブル・サプライチェーン・イニシアチブ）	WG/TF
TCFD（気候関連財務情報開示タスクフォース）	WG/TF
TNFD（自然関連財務情報開示タスクフォース）	WG/TF
SASB（持続可能性会計基準機構）	NGO・NPO
GRI（グローバル・レポーティング・イニシアチブ）	NGO・NPO
IFRS（国際財務報告基準） ⋮	NGO・NPO

WG=ワーキンググループ、TF=タスクフォース

図表2-4-4　脱炭素関連国際組織でのリーダー

出所: ボストン コンサルティング グループ

一方で、パーム油の調達においては、気候変動などの環境面のみならず、生産の現場での労働者の人権など、サステナビリティを巡る複雑な課題が入り組んでいる。さらに、サプライチェーンが極めて複雑であることが課題の解決を深刻化させている。ユニリーバだけでも、３００を超える一次サプライヤー、１４００を超える搾油工場が関係している。

そこで、同社はＮＧＯと連携しつつ、サステナブルな方法でパーム油を生産するためにＲＳＰＯ（Roundtable on Sustainable Palm Oil）の立ち上げをリードした。このラウンド

テーブルにおいて、サステナブルなパーム油の生産の基準を制定し、自社のみならず、パーム油に関わる業界全体の変革に取り組んでいる。2020年時点で、RSPOの認証を受けたパーム油は、世界の生産高の約2割まで拡大。グローバル企業ではRSPO認証を受けたパーム油を利用することがスタンダードになりつつあり、認証パーム油を調達する競争すら巻き起こっているという。

このパターンの変形として、特定領域の課題解決に向けて複数の企業が共同でリーダーシップを取り、努力していくというケースもある。ネスレやダノンなどの食品会社は、再生可能な食品パッケージを共同で開発するために「NaturALL Bottle Alliance」を立ち上げている。段ボールやおがくずなどのバイオマスを回収して材料として活用した100%植物由来のペットボトルを、商業利用可能なコストで製造・デファクト化することを目標としている。ペプシコが参加するなど、食品業界内での協力の動きが進んでいる。

やや趣が異なるが、変革を促すプレーヤー群にパトロン的に資金援助を行いつつ、自社の目指す姿を実現するケースもある。すでにご紹介した、アップルやアマゾンによる基金がこれにあたる。アップルは環境保護団体コンサベーション・インターナショナルなどと共同で総額2億ドルの基金を立ち上げている。アマゾンが1億米ドルを投じるライト・ナウ気候基金も、気候緩和対策や森林再生プロジェクトを支援するものだ。

こうした事例に欧米のものが多いのは、カーボンニュートラルの取り組みにおいて、欧米企業が先行していることが大きく影響している。日本企業は、様々な意図が錯綜する中でルールメイキングに奔走するよりも、与件となったルールの中で実直に汗をかくことに重きをおく傾向がある。特にグローバルな文脈では、その傾向が強い印象がある。

ただ、カーボンニュートラルに関してはいまだルールが定まっていない段階にあるので、より積極的に外部に働きかけていくメリットは大きい。「社会への働きかけ」と言うと仰々しく聞こえるが、自社が根を下ろしている地域社会、自治体、業界団体など適切な範囲にスコープを区切って取り組むことも可能である。大企業であれば、国の政策や国際的なイニシアチブに積極的にインプットしていくことも可能だ。自社と社会の両面の利益を見据えて、より積極的に外部に関与していくのがよさそうである。

⑩自社ならではのカーボンニュートラル戦略ストーリーを発信する

日本企業の情報開示方法では正当に評価されない

ここまで、カーボンニュートラルの実現に向けた取り組みの検討・実行のために必要な一連のプロセスや注意点を紹介してきた。最後に指摘したいことは、懸命に取り組みを進めても、進捗や成果などを社外のステークホルダーにしっかりと伝えて理解を得られないと、正当に評価されることも、努力の成果を最大化することもできない点だ。

企業がカーボンニュートラルへの対策を急ぐのは、カーボンニュートラルを実現する必要性が国際社会で声高に叫ばれ、社会が企業に対して気候変動対策を強く求めているという外発的な理由によるところが大きい。つまり、カーボンニュートラルへの取り組みは、外部からの評価と切っても切れない関係にある。投資家、取引相手、ＮＰＯなども、企業の取り組み状況を評価し、スコアリングしており、その結果が自社の資金調達やビジネスチャンスの獲得の可否にも、社会的なブランド向上にもつながる。

ただ現状では、日本企業の多くはカーボンニュートラルに向けて取り組んでいても、それを効果的に発信できていないことが多い。日本企業の情報開示量は他国の企業に比べ遜色なく、統合報告書の発行企業数は世界でも有数である。しかしその内容は、データやファクトの羅列にとどまり、それが何を意味しているのかがはっきり伝わってこないことが多い。海外投資家からそう指摘されることは少なくない。

カーボンニュートラルへの取り組みの開示・発信については、次に示す3段階で高度化を目指していくことをお勧めしたい。

レベル1は、TCFD提言の枠組みに沿って、少なくとも国際的に認知・理解されるかたちで自社の取り組みを公表することである。レベル2は、戦略的な意図を含めて理解を得るために、自社のパーパスにひも付いたストーリーとして発信する。最後のレベル3は、評価機関ごとの癖も踏まえ、自社のストーリーを相手に合わせてカスタマイズして発信することだ。

いきなりレベル3を目指すのではなく、少なくともレベル1には対応しつつ、レベル3を目指して徐々に高度化を進めるのが現実的である。

レベル1　TCFDの提言に基づく開示

２０２１年6月に改訂されたコーポレートガバナンス・コードでは、ＴＣＦＤの提言に関する規定が追加され、「特に、プライム市場上場会社は、気候変動に係るリスク及び収益機会が自社の事業活動や収益等に与える影響について、必要なデータの収集と分析を行い、国際的に確立された開示の枠組みであるＴＣＦＤまたはそれと同等の枠組みに基づく開示の質と量の充実を進めるべきである。」と記載されている。事実上、東証プライム市場に上場する企業はＴＣＦＤの提言への対応（あるいは、対応しない合理的理由の説明）が必須となる。

その際には、次に示す4つの観点、11項目に対する開示が必要となる（**図表2-4-5**）。4つの観点とは、（i）ガバナンス（気候関連のリスクと機会に関わる組織のガバナンス）、（ii）戦略（気候関連のリスクと機会が組織の事業、戦略、財務計画に及ぼす影響）、（iii）リスクマネジメント（組織が気候関連リスクを特定・評価・マネジメントする方法）、（iv）測定指標と目標（気候関連のリスクと機会を評価し、マネジメントするために使用される測定基準（指標）と目標）である。

例えば、アサヒホールディングスは、酒類事業および飲料事業（農産物原料と製品のバリューチェーン全体）における気候変動リスク・機会による事業インパクトの評価と開示を適切に実施している。同社のリスク洗い出しの評価が高いのは、気候変動が自社に与える影響を特定し、そのインパクトを定量的に試算している点である。具体的には、「農産物原料影響調査」（主要農産物

TCFDが求める4つの観点、11項目の開示事項

ⅰ ガバナンス	ⅱ 戦略	ⅲ リスクマネジメント	ⅳ 測定指標と目標
気候関連のリスクと機会に関わる組織のガバナンス	気候関連のリスクと機会が組織の事業、戦略、財務計画に及ぼす影響	組織が気候関連リスクを特定・評価・マネジメントする方法	気候関連のリスクと機会を評価し、マネジメントするために使用される測定基準(指標)と目標
ⓐ気候関連のリスクと機会に関する取締役会の監督について記述	ⓐ組織が特定した、短期・中期・長期の気候関連のリスクと機会を記述	ⓐ気候関連リスクを特定し、評価するための組織のプロセスを記述	ⓐ組織が自らの戦略とリスクマネジメントに即して、気候関連のリスクと機会の評価に使用する測定基準(指標)を開示
ⓑ気候関連のリスクと機会の評価とマネジメントにおける経営陣の役割を記述	ⓑ気候関連のリスクと機会が組織の事業、戦略、財務計画に及ぼす影響を記述	ⓑ気候関連リスクをマネジメントするための組織のプロセスを記述	ⓑスコープ1、スコープ2、該当する場合はスコープ3のGHG排出量、および関連するリスクを開示
	ⓒ2°C以下のシナリオを含む異なる気候関連のシナリオを考慮して、組織戦略のレジリエンスを記述	ⓒ気候関連リスクを特定し、評価し、マネジメントするプロセスが、組織の全体的なリスクマネジメントにどのように統合されているかを記述	ⓒ気候関連リスクおよび機会を管理するために用いる目標、および目標に対する実績を開示

図表2-4-5　TCFDが提言する開示のフレームワーク

出所: TCFD, Recommendations of the Task Force on Climate-related Financial Disclosures, 2017（BCGによる試訳）

原料の収量変化予測、飲料事業の高リスク農産物原料の財務影響額試算など）、「炭素税導入による財務影響額試算」（生産（自社操業）、ＰＥＴボトル（バリューチェーン）など）のインパクトを定量的に示している。

なおＴＣＦＤの提言への対応は、必ずしも一度にすべてを実施し、完成させる必要はない。経済産業省による「ＴＣＦＤガイダンス」にも、「初めから完璧である必要はなく、まずは開示に取り組み、段階を踏んでブラッシュアップしていくことが重要である」という記載がある。アサヒホールディングスは、２０１９年にビール事業、２０２０年に飲料事業およびビールを除く酒類事業、２０２１年に食品事業を含む主要事業を対象にシナリオ分析を実施するなど、徐々に取り組みを深化させている。

レベル２　自社の取り組みをストーリーとして発信

レベル１のＴＣＦＤの提言に沿った発信ができている企業は、外部のステークホルダーにとって納得性が高い方法での発信を目指すべきである。大事なことは、個別のデータやファクトの開示にとどめるのではなく、自社の戦略・取り組み・状況を一連のストーリーとして語ることである。「カーボン」という新たな軸を加えたとき、自社のポジショニングはどう変わるか、なぜ、何を、どのように、といったポイントを一貫したかたちで表現することで、説得力あるストーリーとして語れる。

ストーリーのつくり方は、自社の独自性を発揮すべきところで様々なパターンがあり得る。典型的には、自社のパーパスやミッションを起点とした次のような流れになると思われる。

①自社のパーパスやミッションは何か
②それに向けて、どのような目標を設定しているのか
③それを実現するための戦略はどのようなものか
④どう戦略を具体化し、どのような施策を行うのか
⑤取り組み状況や成果はどのような状況にあるか
⑥今後、どのように改善していくのか

こうしたストーリーに合わせて、コーポレート全体や製品・サービス単位のブランディング戦略の見直しをセットで実施するとより効果的である。多くの企業で現状の企業戦略

や個別の施策は「カーボン」の観点が熟慮されたものではないと思われる。目指す気候変動対策ストーリーを検討することは、自社の取り組みを見直すためのよい契機となる。

ストーリーの発信に当たっては、ステークホルダーに対して、取り組みのスコープやレベルを明確に示せる点でデファクトスタンダードの枠組みを活用することのメリットは大きい。しかし、くれぐれも注意しなければいけないのは、レベル2においては、これらの枠組みは自社の取り組みをコミュニケーションするために活用するツールにすぎないという姿勢が重要で、枠組みが要求している要件に盲目的に従えばよいというものではないということだ。ストーリーをつくる際に枠組みにとらわれ過ぎてしまうと、結局「Xに従っている」「Yに従っている」という記載の羅列に終わる。

花王の脱炭素への取り組みの説明は明確な流れをもって整理されており、こうした開示の好例と言える。社会課題である地球温暖化の現状を説明した上で、花王としての提供価値・方針、推進体制を共有した後、中長期目標と実績を示し、中長期目標を達成することにより期待できる事業インパクト・社会的インパクトについて言及している。併せて、社員教育やステークホルダーとの協働、エンゲージメントの重要性・アプローチを説明している（図表2-4-6）。

英国のＢＰは石油会社から総合エネルギー企業への転換を図る文脈の中で、キーストラテジーから具体的なアクションへの落とし込みを自社ならではのストーリーとして語っている。その中では、３つの注力領域（「低炭素電力とエネルギー」「利便性とモビリティー」「レジリエントで焦点の絞られた石油・ガス事業」）と、３つの差異化の源泉（「エネルギーシステムの統合」「国・都市・産業界との連携」「デジタルとイノベーションの推進」）を策定し、そこに向けたアク

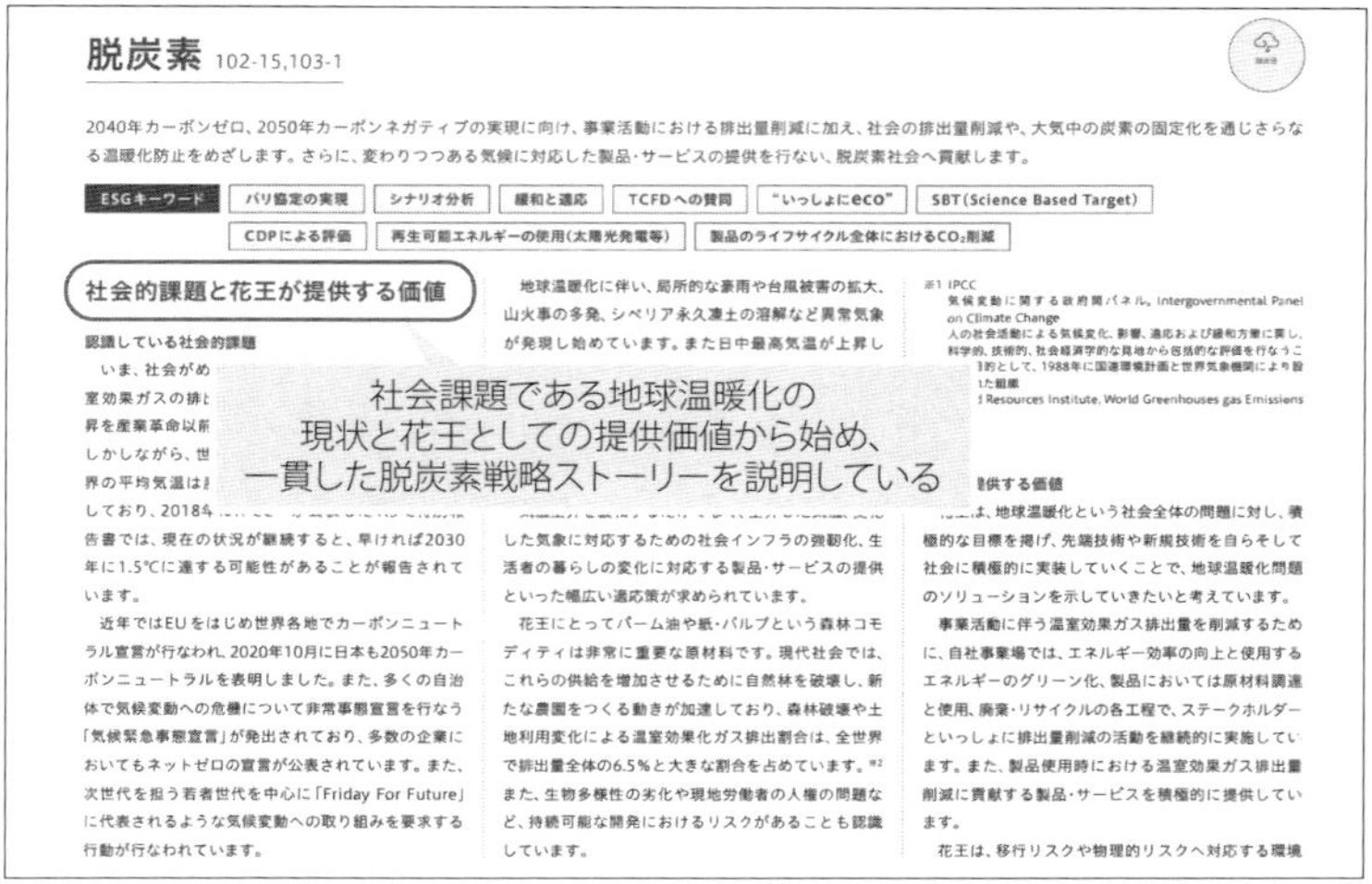

図表2-4-6　花王 Kirei Lifestyle Plan Progress Reportにおける脱炭素の取り組みの説明（導入部分のみ）

出所：花王 Kirei Lifestyle Plan Progress Report 2021

ションと併せて公表している。

レベル3　受け手に合わせて戦略的にカスタマイズしたストーリーを発信

レベル2のストーリーとしての発信ができている企業には、もう一段高みを目指す意味で、受け手となるステークホルダーに合わせてカスタマイズして発信することを提案したい。ステークホルダーの中でも特に意識すべきは各種評価機関である。これは機関投資家を含めた多くのステークホルダーが、各種評価機関によるＥＳＧスコアリングに注目し、採用しているためだ。

ＥＳＧ投資の拡大に伴って、このＥＳＧスコアの重要度が急激に高まっている。投資家が、投資対象候補企業のＥＳＧスコアのデータを購入し、投資判断の際の考慮事項の一つとしているためだ。また、ＥＳＧスコアは近年急拡大しているサステナビリティ投資関連のインデックスへの組み込み基準にも活用されている。つまり、市場では評価機関によるＥＳＧスコアが低いと、資金が逃げてしまい、株価が下がるという構造が見られる。

ＥＳＧ評価機関は世界で１００以上存在すると言われており、その評価内容は千差万別だ。一例として、シェア1位であるＭＳＣＩの例を紹介する（**図表2-4-7**）。ＭＳＣＩは、評価対象企業のＥＳＧ総合評価としてＡＡＡからＣＣＣまで7段階評価をしている。総合評価を出すために、ＥとＳとＧそれぞれについて、重要なテーマにブレークダウンされている。Ｅであれば「CO_2」「生物多様性と土地利用」「有害物質の排出と廃棄」の３つが設定されている。各テーマについて、スコアを算出するために評価指標が設定されている。例えば、CO_2であれば12の指標が設定されている。これらの評価の結果、「○○社のＥＳＧ総合評価はＡＡＡ、内訳としてCO_2はＸ点、生物多様性と土地利用はＹ点……」といったスコアが算出され、ＥＳＧ情報として投資家などに販売されていく。

	テーマ	評価指標
E	CO_2	12
	生物多様性と土地利用	12
	有害物質の排出と廃棄	10
S	健康と安全	12
G	腐敗、不安定性	28
	取締役会、給与、所有権と支配、会計	20+

炭素排出量に関する12の指標の内訳	
削減目標の積極性	定性測定基準は60%程度
目標達成に向けた実績	
排出削減戦略の強み	
よりクリーンなエネルギー源の使用	
GHG排出量の把握	
エネルギー消費量の削減と業務効率化	
CDPでの開示	
GHG排出量	定量的評価指標は40%程度
GHG排出原単位	
エネルギー消費	
事業ポートフォリオの炭素排出強度	
炭素排出規制が強化されている国における事業の割合	

図表2-4-7　MSCIのESG評価の例（石油ガス業界の場合）
出所: MSCIウェブサイトを基にボストン コンサルティング グループ作成

機関投資家は、ＭＳＣＩやサステナリティクスのようなＥＳＧ全般を扱うワンストップ情報サービスを中心に、特定分野の情報に強い専門サービスや、ＡＩにより自動的にリアルタイム分析を行うサービスなどを組み合わせて投資判断に活用している（**図表2-4-8**）。ここで注目していただきたいのは、有力な機関投資家たちが多数のＥＳＧレーティング情報を活用しているという事実である。例えば、大手運用会社ブラックロックは、この調査を実施した２０２１年２月時点では13もの企業ＥＳＧ情報サービスを活用している（なお、各

		BlackRock, Inc.	State Street Corporation	PictetGroup	Wellington Management Company	Invesco Ltd.	J.P. Morgan & Co.	The Vanguard Group, Inc.
ワンストップサービス	Sustainalytics	✓	✓	✓	✓	✓	✓	✓
	MSCI Inc.	✓	✓	✓	✓	✓	✓	
	Institutional Shareholder Services Inc.		✓		✓			
	Refinitiv	✓						
	Bloomberg L.P.	✓	✓	✓	✓	✓		✓
専門サービス	S&P Global Inc.		✓	✓	✓	✓		
	Iss-Ethix	✓		✓		✓	✓	
	CDP		✓					
AIサービス	RepRiskAG	✓		✓			✓	
	Arabesque Partners						✓	
	TruValu Labs	✓			✓			
	Clarity AI, Inc.	✓						
その他		+5	+6	+2	+1	ー	ー	+2
合計		13	12	8	7	5	5	4

図表2-4-8　大手機関投資家のESGスコアの活用状況
出所: 各社公開資料よりボストン コンサルティング グループ作成

機関投資家が利用する情報ソースは絶えず入れ替わっており、固定的ではないので留意が必要だ）。これほど多くの情報ソースを組み合わせているのは、ＥＳＧ評価機関によって、対象とするＥＳＧテーマ、評価指標、情報ソース、スコアを出すための配点の重みづけなどが千差万別なためだ。その結果、評価機関により同一企業に対しても評価にばらつきが出るという事態もしばしば起こる。機関投資家は、独自の考え方で複数のＥＳＧスコアを組み合わせて、自らの投資判断に用いている。

本質的には、自社の決めた取り組みをしっかりと推進することが大前提ではあるが、それが十分な理解・評価を得るためには、評価機関ごとの癖や採点基準を理解した上で、効果的に発信していくことも必要となる。

繰り返しとなるが、いきなりレベル3を目指すのは難しい。まずは自社の現状の発信状況を踏まえ、一歩一歩高みを目指していくことが大事である。いずれにしても、カーボンニュートラルに対する取り組みは、適切なかたちで効果的に発信してこそ、ステークホルダーから正当な評価を得られることを意識する必要がある。

2-5 第2章のまとめ

改めて申し上げるが、カーボンニュートラル経営とは、外部の要請・要件に従ってCO_2排出量を削減する「守り」の要素だけではなく、カーボンニュートラルという切り口を通じて競争優位性を構築し、新規事業機会を見いだす「攻め」の要素も併せて取り組むことである。

また、カーボンニュートラル自体が多様なステークホルダーが関連する営みであるため、その実現に向けては、それぞれのステークホルダーの動向を理解し、巻き込んでパートナーシップを構築し、理解されやすい発信を行うことがカギとなる。

なお、カーボンニュートラル経営は複雑で難しいと感じられる方も多いと思われるが、本書で示したようにいくつかの段階、一つひとつのプロセスに落とし込んで見れば、取り組みの道筋・枠組み・支援策もあり、十分実施可能なものばかりである。読者の皆様には、過度に不安視・躊躇することなく、本書を参考にぜひ取り組みを進めてほしい。ここで改めて、ステップ1～3とその中の10の取り組みについて、大切なポイントを振り返りたい。

ステップ1　準備をする

①全社の意識を統一する

経営陣の中だけではなく、部門間・地域間の壁も越えて全社員の意識を統一する。経営陣が強いコミットメントを示すことはもちろん、イベント・ワークショップなども活用して社内全体に取り組みの必要性の浸透を図る。

②自社の排出の実態を把握する

自社外も含めたサプライチェーン全体での排出量把握の重要性が高まっているが、精緻な可視化は難しい。ラフな推計であってもできるだけ早期にCO_2排出量の実態把握に着手し、徐々に精度を上げていく。その際には、デジタルソリューション、業界内の連携、政府の支援策などを最大限活用して効率的に行う。

③外部環境を理解する

多様なステークホルダーの動向が関係するが、なかでも自社の業界・事業内容に特に影響を及ぼす環境変化を特定し、中長期の見通しも含めて定期的にフォローすることが重要。さらに、自社にとって影響が大きい変化については、自ら複数の未来シナリオを策定する。

④自社にとってのチャンスとリスクを洗い出す

ＴＣＦＤの提言の枠組みも活用しつつ、自社の事業にとっての具体的なチャンスとリスクに落とし込む。リスクについては、自然災害などの「物理的リスク」のみならず、規制、市場、技術、ステークホルダーの変化によって自社が受ける影響などの「移行リスク」も重要である。定量的なインパクトを試算することで、各チャンス・リスクの自社への影響の大きさが評価できる。

ステップ2　戦略を定める

⑤自社の大方針を設定する

何年に何％の排出削減といった数値目標から入らず、まずは自社のありたい姿を明らかにする。その際には、排出削減などの外部からの要請を踏まえた守りの観点だけではなく、新規市場の獲得などカーボンニュートラル社会への変化をどう生かすかという攻めの観点も織り込む。数値目標の設定は重要だが、数字はあくまでもありたい姿を定量化したものと考える。

⑥3つの切り口で取り組みを策定する

既存事業を「守る」ために要件を充たすことばかりでなく、「攻め」の取り組みも欠かせない。「攻め」は、既存事業の競争優位性の構築と、新規事業機会の探索の双方に取り組む。「要件を充たす」「競争優位性を構築する」「新規事業機会を探索する」という3つの切り口をセットで考えることが重要である。

要件を充たす上では、マテリアルフローの見直し、エネルギーフローの見直し、製品・事業ポートフォリオの見直しという3つの観点で考える。競争優位性については、（1）提供している商品やサービス自体を脱炭素化、（2）上流・下流に染み出す、（3）カーボンニュートラルに対応したバリューチェーンを構築、（4）消費者の行動変容を促しつつ優位性を確立する、という4つを考える。新規事業は、既存アセットを活用しつつ、既存事業領域にこだわらず、広い事業機会を探索する。

⑦実行に向けて社内の仕組みを見直す

事業プロセス、リソース、インフラ・体制の３つのレイヤーで社内の仕組みを見直す。事業プロセスでは「サプライチェーンの見直し」と「社外のプレーヤーとのエコシステムの構築」、リソースでは「脱炭素関連資源の確保」と「ヒト・カネのリソースの再配分」、インフラ・体制としては従来の収益性に脱炭素の要素を加えた「新しいモノサシの創出」と「推進体制の整備」を考える。

ステップ３　着実に推進し、成果を示す

⑧自社の取り組みについてＰＤＣＡを徹底的に回す

成果が出るまで時間軸の長い取り組みになるため、社内の緩みが出ないように、進捗をしっかりと図れるＰＤＣＡを組み込んだプロジェクトマネジメントを行い、規律を持って運用する。通常以上に有効にＰＤＣＡを回す必要があるため、「強いＰＭＯ」「トップの関与」「定量的な目標の設定」「短サイクル」「攻めの施策の重点チェック」などが重要である。

⑨社会全体の変革に積極的に関与する

社会の一員としての貢献という意味合いに加えて、自社にとって有利なかたちでルール

が形成されるよう、早い段階から積極的に社会変革に参画する。カーボンニュートラル社会のルールは、政府ばかりでなく、民間主導で形成することも少なくない。その際は、国際的な枠組みに参加したり、仲間を募り自ら動きをつくったりすることも重要である。

⑩自社ならではのカーボンニュートラル戦略ストーリーを発信する

まずは、ＴＣＦＤの提言などの国際的に認められている枠組みに沿った情報開示に対応する。次のレベルとして、外部のステークホルダーに成果を正しく理解・評価してもらうため、単に数字とファクトの羅列ではなく、自らのパーパス・大方針に沿って、どういうインパクトを出しているのかをストーリーとして発信する。応用編としては、各評価機関の癖も理解し、相手に合わせて戦略的に開示することも考える。

カーボンニュートラル経営に向けて、企業が取り組むべき事項を説明してきた。この一連の取り組みを始めると、改めて難しさ・チャレンジも感じると思う。次章では、カーボンニュートラルならではの特性を踏まえた難しさ・悩ましさについて、もう一段深く解説するとともに、取り組みを進める上での要諦について考えてみたい。

第3章

カーボンニュートラル経営の要諦

第3章では、カーボンニュートラル経営に取り組む上で考慮すべき、カーボンニュートラルという課題の特性について、改めて整理する。その上で、それらを踏まえて第2章でお示ししたアクションを取るための7つの要諦について論じていく。

3-1 カーボンニュートラル達成を難しくする3つの特性

第1章ではカーボンニュートラルには本気で取り組むことが必要であること、第2章ではその達成に向けて何に取り組むべきかを説明した。必要性ややるべきことを理解しつつも、一方で多くの読者がカーボンニュートラル経営を推進することの難しさを漠然と感じていると思う。第3章では、まずその背景にある「カーボンニュートラルの3つの特性」を改めて確認したい（**図表3-1-1**）。

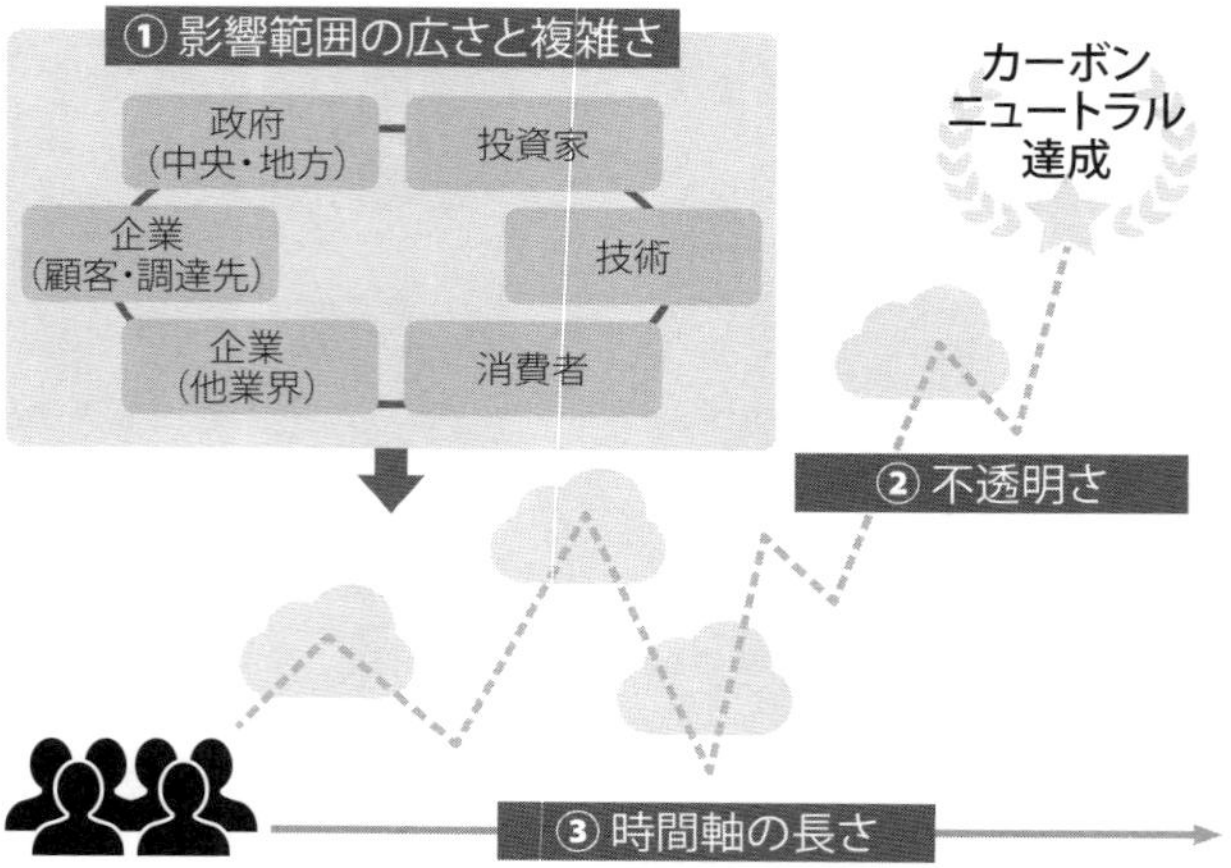

図表3-1-1　カーボンニュートラル達成を難しくする3つの特性
出所：ボストン コンサルティング グループ

カーボンニュートラルの特性①影響範囲の広さと複雑さ

企業経営においては、消費者や競合など、自社以外のステークホルダーの動向は重要なポイントであり、これまでも当然ウォッチしてきたであろう。ただし、カーボンニュートラルへの取り組みは、これまで以上に幅広いステークホルダーの動向の影響を受ける。加えて、自社の属する業界以外の業界の動きやカーボンニュートラルの進展度合いも自社の取り組みに大きく影響する。

例えばエネルギー業界など、カギとなる業界の動向についての情報を今まで以上に積極的に収集し、何が起こっているのかを把握しておく必要がある。また、SBTにおけるスコープ3への取り組みなど、バリューチェーン上の調達先と顧客の取り組みの進展が自社のカーボンニュートラル達成に大きく影響することも忘れてはならない。

規制・制度が自社の戦略や施策に与える影響も少なからず見込まれる。政府の動向を把握することはこれまでも必要であったが、カーボンニュートラル戦略においては、政策の方向性が自社の取り組みを大きく左右する。

さらに、日本企業にとって、「政府」とはもはや日本政府だけを指すのではない。ＥＵ、米国、中国、新興国などこれまでそれほど強く意識してこなかった世界各国の政府、場合によっては州など地方政府の動きから、自社の取り組みに余波が広がることもある。そこまで認識を広げなければならないのは、自社がビジネスを行っている現地の政府を注視すべきことに加え、他国の政策がトリガーとなって日本政府における各種検討・決定が行われ、日本でのビジネスに影響をもたらす可能性があるためである。

投資家の動向についても同様だ。投資家は全般的に、企業の持続可能性を検討する上でカーボンニュートラルが非常に重要であるというスタンスをとる。しかし、すべての投資家や評価機関が一律の基準で企業の評価や投資判断を行っているわけではない。投資機関や評価機関ごとに、求める基準は異なり、個別企業、またそれぞれの業種への期待や温度感も大きく異なる。自社が投資家から受ける評価だけではなく、調達先や顧客企業が投資家からどのような評価を受けているかにより自社にも間接的な影響が及ぶことがある。

加えて、技術の動向についても、いわゆる自社製品のＲ＆Ｄに関連するものだけではなく、バリューチェーンの上流や下流に当たる業界や企業に関連する技術開発、また政策決定の前提となる技術開発などに幅広く目配りする必要がある。例えば、DAC（Direct Air Capture）などの先進技術が実用化されれば世界全体でカーボンニュートラル達成のハードルは大きく下がり、できなければより一層厳しい排出削減が求められることとなる。こうした影響範囲の広い技術については、自社に直接関連がなくとも、常に情報をアップデートしておく必要がある。

カーボンニュートラルを巡っては、通常の企業経営において意識する以上に、ステークホルダー相互の影響範囲が広く深いこと、かつそれらが複雑に影響し合っていることが、難しさを生じさせる特性の一つである。

カーボンニュートラルの特性②不透明さ

次に、それぞれのステークホルダーの取り組みやその成果の不透明さが挙げられる。第1章で諸外国の動向についてシナリオを検討した通り、各国の動きはいまだ予断を許さない。例えば、本稿執筆時点ではCOP26はまだ開催されていないが、どこまで新興国を巻き込めるか、世界全体でのカーボンニュートラル達成に必要なコミットが得られるかは見通せない。米国における共和党と民主党のパワーバランスや、中国における覇権主義の強まり次第で米中の対応が変わるという側面もある。

加えて、経済発展を優先させたい新興国が、先進国が中心となって推進しているカーボンニュートラルにどこまで同調するかにも注目が集まるが、これもまた定かではない。さらに、DACを含めた技術開発が本当に実用レベルまで達するかは不透明であると言わざるを得ない。

また、企業は、気候変動に対応するための新たなルールについての不安や、気候変動対応を加味した新しい競争原理が市場で本当に受容されるのかどうかという疑問も感じている。BCGの調査でも消費者の意識変容が起きていることが明らかになっているが、実際に一定のプレミアム価格を払ってでも低炭素、脱炭素製品を購入するという行動変容に至っている層はまだ限られており、これがどれぐらいのスピードで増えるかは未知数だ。

つまり、「特性①影響範囲の広さと複雑さ」で述べた通り、従来以上に多くのステークホルダーが自社のカーボンニュートラル戦略の推進に多様な影響を及ぼす中、個々のステークホルダーの取り組みやその成果の見通しが現時点では不透明であるということが達成の難しさを増している。

カーボンニュートラルの特性③時間軸の長さ

カーボンニュートラルの3つ目の特性として時間軸の長さが挙げられる。アジャイル経営が求められるなど、経営のサイクルはどんどん短くなっている。一方で、カーボンニュートラルにおける取り組みの成果が確認されるまでには本来、10年単位の時間を要する。つまり、各企業がカーボンニュートラルに向けた取り組みを進めたとしても、本当に温暖化が抑制されたかどうかは、2040~2050年くらいにならないと最終的に確認できない。

その手前の段階の、各企業単位での取り組みの有効性も同様である。また、「再生可能エネルギーに切り替える」など、意思決定により比較的短期間でできるものもあるが、製品やサービスの見直し、ビジネスモデルの再構築、事業ポートフォリオの見直しなど、取り組み自体に数年単位の時間を要するものもある。

結果が出るのはだいぶ先であるにもかかわらず、意思決定はすぐにでも行わなければならない。これが読者の皆様を悩ます3つ目の特性である。

3-2 カーボンニュートラル推進に向けた7つの要諦

欧米において先行した取り組みを行っている企業を見ると、前節で紹介した3つの特性に対峙するため、様々な工夫をしている。ここでは、その中から重要な要素を取り出し、「うまく進める7つの要諦」として共有しよう（図表3-2-1）。

うまく進める要諦① パーパスに「意識的」にカーボンニュートラルの要素を織り込む

第2章でも紹介した通り、カーボンニュートラルに取り組んでいくことが必要であるという認識を組織全体に強くビルトインすることが必要である。そうしなければ、影響範囲が非常に広く複雑・不透明、かつ時間軸の長い取り組みを進めていくことは不可能であり、動きがバラバラになったり息切れを起こしたりすることとなる。

そのためには、様々な取り組みを単に決められた要件として淡々と行うだけでなく、自社の存続意義、つまりパーパスの中にカーボンニュートラルの要素を織り込むことが重要だ。逆に言えば、今やカーボンニュートラルが織り込まれていないパーパスは、社員からも、社会からも、投資家からも支持されないだろう。

サステナビリティを軸にしたビジネスモデルイノベーションについてのBCGの調査*でも、サステナビリティ領域における先進企業の特徴的な要素の一つに「パーパスの一部としてサステナビリティを強調していること」が挙げられた。調査対象の先進企業のすべてが、公式のパーパス、ビジョン、あるいはミッション・ステートメントの中で、環境・社会面でのプラスの影響に明確に言及している。

* BCG論考「サステナビリティ・フロントランナーに見るこれからの優良企業のあり方」（2021年7月）

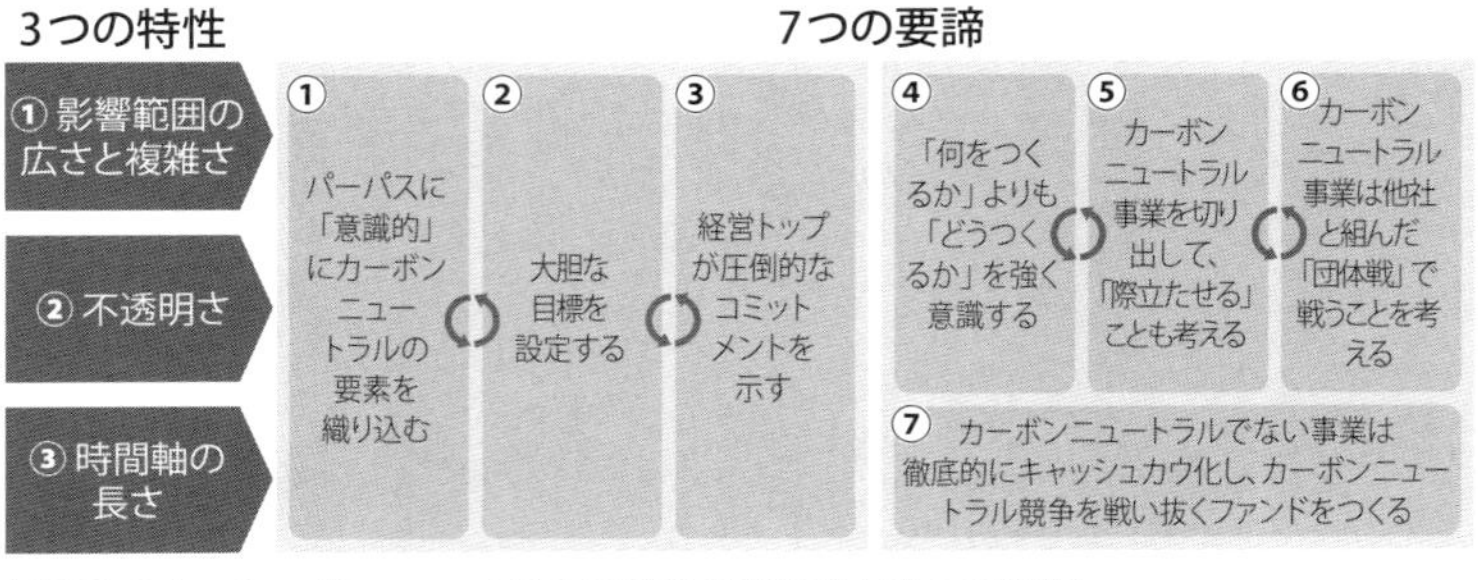

3つの特性
7つの要諦
① 影響範囲の広さと複雑さ
② 不透明さ
③ 時間軸の長さ
① パーパスに「意識的」にカーボンニュートラルの要素を織り込む
② 大胆な目標を設定する
③ 経営トップが圧倒的なコミットメントを示す
④ 「何をつくるか」よりも「どうつくるか」を強く意識する
⑤ カーボンニュートラル事業を切り出して、「際立たせる」ことも考える
⑥ カーボンニュートラル事業は他社と組んだ「団体戦」で戦うことを考える
⑦ カーボンニュートラルでない事業は徹底的にキャッシュカウ化し、カーボンニュートラル競争を戦い抜くファンドをつくる

図表3-2-1　カーボンニュートラルの特性を踏まえた7つの要諦
出所：ボストン コンサルティング グループ

例えば、シュナイダー・エレクトリックのパーパスは、「電化と資源循環型ソリューションを組み合わせ、脱炭素の社会の構築を目指す」ことに言及している。同社のチーフ・ストラテジー&サステナビリティ・オフィサーであるオリバー・ブラム氏はBCGとのインタビューで「気候変動対策をはじめとするサステナビリティへの取り組みを、企業の変革、成長の原動力にすることが重要である」と述べている。これはまさにパーパスを意識したコメントと言える。

また、同氏は「この手の話はどうしてもコンプライアンスの話に終始しがちだが、そうではなく、他社との差異化の源泉としてどう活用するかという観点で捉え、言語化し、実際に行動することが重要である」とも述べている。つまり、自社のパーパスに織り込む上では、社会的責任を果たすだけでなく、いかに自社の競争優位性の構築につなげるかという観点からも言語化することが重要である。

うまく進める要諦② 大胆な目標を設定する

パーパス同様に、全社一丸となって取り組んでいく上での「北極星」としては、大胆な目標が必要となる。特に、多くのステークホルダーに対して影響力を持って発信でき、かつ不透明で長い時間軸の中でも社員が実現したいと見上げ続けられる「北極星」であるためにも、「なんとかできそう」な目標ではなく、「目指すべき」目標が必要である。そのため、実現できるかどうかを起点とせず、より野心的な目標を掲げるべきである。

第2章で紹介したマイクロソフトの目標はその好例と言える。同社は、2030年までにカーボンネガティブ（CCS・CCUSを含む）を達成するという目標に加えて、2050年までに同社が1975年の創業以来排出してきたCO_2をすべてCCS・CCUSを通じて回収するという他に例を見ない大胆な目標を設定している。

この目標は、現状の世界各国の先進企業が進める取り組みと比較しても相当野心的な目標であり、日本企業の多くが掲げている「できることベースでストレッチした目標」とは次元が異なるといえる。こうした大胆かつ圧倒的に高い目標を打ち出す企業は、消費者を含めた多くのステークホルダーからカーボンニュートラルに向かって先頭を走っていると強く認識され、それが結果的にパフォーマンスを中長期的に高めることにもなる。また、従業員の満足度にも大きく影響すると言える。

なお、マイクロソフトはこの目標を踏まえ、先端技術を活用した排出権取引やCCS・CCUSに対する多額の投資を行っていることは第2章に記載した通りである。

繰り返しとなるが、「できることをベースにどうストレッチするか」ではなく、「どこまで掲げると多様なステークホルダーから驚きと歓迎を持って受け入れられるか」という観点で、あえて先陣を切って大胆な目標を掲げることが重要である。

うまく進める要諦③　経営トップが圧倒的なコミットメントを示す

パーパスと大胆な目標が社員にとっての「北極星」だとすると、「そこをなんとしても目指すのだ」という経営トップの圧倒的なコミットメントは、不動かつ高い目標を掲げる企業にとって、社員をけん引する動力源となる。

不透明で時間軸の長い取り組みでは、社員にとっては自分が今行っていることが正しいのか、正しいとしても本当にできるのかという不安に陥る局面があるだろう。また、社員だけではなく経営幹部ですらそう思う可能性がある。そのため、経営トップが圧倒的なコミットメントを示し、その不安を取り除き、勇気づけ、前に進めることが不可欠である。

スウェーデンのエンジン製造企業であるスカニアの元ＣＥＯ、ヘンリク・ヘンリクソンは、その著書*の中で、次のように述べている。

* Henrik Henriksson, Elaine Weidman Grunewald (2020).Sustainability Leadership: A Swedish Approach to Transforming your Company, your Industry and the World. Palgrave Macmillan.

「２０１６年にＣＥＯになった際、カーボンニュートラルに対する経営層の意識は、重要だとは認識しているものの、緊急性に対する認識は人による、というような状態であった。それらの経営層に対しカーボンニュートラルに社を挙げて取り組むことの重要性を説き、２年かけて全員からの納得を取り付けていった」

このように、経営トップが強いコミットメントを示す上で、自ら時間をかけて社員と向き合うことは非常に有効である。

このような例を、「カーボンニュートラル対応が企業存続にとって必須の業界だからできたこと」と見なすのではなく、トップ自らがカーボンニュートラルに取り組む重要性・緊急性を心底理解し、経営層・従業員に徹底的に語りかけ、理解を醸成していくことが必須と捉えるべきだ。

うまく進める要諦④「何をつくるか」よりも「どうつくるか」を強く意識する

第2章で、既存事業においてカーボンニュートラルを切り口に競争優位性を構築することの必要性を述べた。この点は読者の方々も異存はないと思うが、検討の範囲が製品性能やサービス内容だけに偏りがちである。多くの企業にとって関係する「製造プロセスのカーボンニュートラル」、つまり「つくり方」自体が競争優位性になることを意識すべきである。

これまで企業がビジネスを行ってきた事業環境においては、買い手から見える物理的な品質とコストが製品・サービスにおける競争優位性の源泉であった。しかしながら、カーボンニュートラルは、新たな市場、競争原理の創出競争である。新たな市場・競争原理においては、つくり方やサプライチェーンのあり方といった、買い手から物理的には見えにくいプロセスを競争優位性の源泉にしていく必要がある。アップルによる調達先に対する再エネ利用の要請（調達条件化）などはその一環として捉えるべきである。

製品のライフサイクル全体における温室効果ガス排出量の削減に取り組みつつ、それらの「見えない成果」を「見える化」し、製品価値・企業価値の向上につなげている企業もある。

世界のCO_2排出量のおよそ10%をファッション産業が占めている中で、第2章でも紹介したオールバーズは、靴産業における環境負荷の低減を重要視し、元サッカー・ニュージーランド代表のティム・ブラウン氏とバイオテクノロジーの専門家であるジョーイ・ズウィリンガー氏がタッグを組み、製造過程から廃棄に至るまで排出される温室効果ガスの量をすべてのアイテムに表示することに取り組んでいる。こうした取り組みが環境問題やサステナビリティに関心が高いユーザーの心を捉え、米国、日本、中国、英国など世界で約30店舗を展開している。

なお、つくり方を競争優位性とするためには、製品の製造過程やサプライチェーン全体におけるCO_2排出量を見える化したり、カーボンニュートラル実現に対する施策を具体的に提示する必要がある。また、ルールの適合性に対する証明の提示や、パッケージや訴求メッセージなどで視覚的に差異化することも重要である。この点については、具体的には前章を振り返っていただきたい。

うまく進める要諦⑤ カーボンニュートラル事業を切り出して、「際立たせる」ことも考える

最終的な製品だけではなくつくり方自体も競争優位性となっていく中では、最終製品が同じだったとしても、「既存事業とカーボンニュートラル事業は別物と捉える」ことが重要である。別物と捉えた上で、同じ組織で既存事業とカーボンニュートラル事業の両方を取り扱う場合、どうしても既存事業（しかも、現時点ではこちらの収益が圧倒的に大きい）へのカニバリゼーションへの配慮や、既存事業起点での発想から抜け出せないことから、本来カーボンニュートラル事業の検討に必要な非連続での思考が十分にできない、といったことが起きてしまう。

従って、組織的にも別物として運営することを考えてみるべきである。具体的には、「予算の持ち方」「組織能力の定義」「人材ポートフォリオの定義」「事業の成果や時間軸」について、別々に検討し、運営するということだ。

既存の組織から組織体を分けている事例としては、ボルボ・カーが挙げられる。傘下の

高性能スポーツカーブランドであるポールスターのＥＶ（電気自動車）ブランドへの転換に際して、あえてＥＶ特化の別会社として切り出し、従来のボルボとは異なるブランドイメージを確立している。２０２１年４月には5.5億ドルにも及ぶ外部資金を調達し、急速にテスラを追いかけるプレーヤーとして成長を続けている。

多様なステークホルダーに対してカーボンニュートラルを切り口にした自社の優位性をしっかりと認識してもらうために、一部で効率性を落とすことになったとしても、思い切って事業を分けるぐらいの意思決定が求められる。

うまく進める要諦⑥ カーボンニュートラル事業は他社と組んだ「団体戦」で戦うことを考える

カーボンニュートラルはステークホルダーが多く、多様なステークホルダーを巻き込まない限り、本来的にはカーボンニュートラルに向けた取り組みの実現、および成果の創出はできない。業界としての変革、消費者の行動変容、政府を動かすことなどを考えても、自社だけではなくバリューチェーンの上流・下流、もしくは同じ業界の競合との連携が不可欠だ。特に、ルール形成という観点では必須と言える。

新しい強みを構築し、そのオープン化を進めることでエコシステムを構築している例としては、ウォルマートの、サプライヤーを巻き込んで1ギガトンのCO_2排出削減を目指す取り組み「プロジェクトギガトン」や、テラサイクルのループ（Loop）を中核として多くの消費財メーカー・小売店が参画した、リターナブル容器を活用したバリューチェーンの構築も同様に「団体戦」と言える。

このように、1社では実現困難なスコープ3の排出量削減を他社と協働で実現する動きは、今後加速すると考えられる。また、その際には、中核となるプレーヤーが、団体戦に参画する他社向けに支援を行うことも考える必要がある。

ウォルマートの例では、GHG排出削減に関するノウハウを動画や資料で共有するとともに、WWF（世界自然保護基金）などのNGOと共同で開発したオープンソースのツールキットを提供し、サプライヤーがGHGの排出量を簡単に計測する環境を整えている。

自社で何ができるかを考えるのではなく、あるべき姿をイメージしての取り組みを実現できるかを考えることが必要となる。その際は、「1社単位の競争」から「エコシステム単位での競争」になっていることを意識して、自社で利益を独占するのではなく、協業するパートナーと一緒になって利益を上げ、適切な配分で持続的なエコシステムをつくることを意識すべきである。

うまく進める要諦⑦
カーボンニュートラルでない事業は徹底的にキャッシュカウ化し、カーボンニュートラル競争を戦い抜くファンドをつくる

最後に時間軸の長さを踏まえた要諦を加えたい。

カーボンニュートラルに向けた動きは、いつ、何が起きるかを正確に予測することは難しいものの、自社に関連するステークホルダーも含め、高い確率で何らかのかたちで動くことはこれまで述べてきた通りである。しかしながら、カーボンニュートラル事業が収益化し、企業を支える存在にまで成長するには一定の時間がかかることが想定される。そのため、カーボンニュートラルに必ずしも貢献しない事業から安定的に収益を得る・稼ぐことも重要となる。

BCGが1970年代に提示した「プロダクトポートフォリオマネジメント」（PPM）では、相対的な市場シェアと市場成長率で事業を4つに分類していた。今後は縦軸を市場成長率ではなくカーボンニュートラルへの貢献の有無で整理することが重要と考える。つまり、相対的な市場シェアは高いがカーボンニュートラルへの貢献が期待できない事業は「キャッシュカウ」（成熟市場で高い市場シェアを持つ商品）と位置づけ、徹底的な収益化とキャッシュ創出を行うことが重要だ。その観点では、カーボンニュートラルへの貢献が期待できない分野は将来的に縮小することを前提に、投資を抑制することも考える必要がある。

例えば、2020年11月、ドイツのダイムラーと中国の浙江吉利控股集団は、次世代ハイブリッド車向けのガソリンエンジンを共同開発すると発表した。今後需要拡大は見込みにくいものの、一定期間、一定規模の市場が残ることが想定されるガソリンエンジンの開発については複数企業で共同開発してコストを抑え、その分、EV車の開発に資金を振り向けるという狙いである。この事例は、資本関係のある両社であったため話が進みやすかった、という側面はあると推察されるものの、意思決定の構造としては自動車業界のみならず多くの業界に当てはまる。こうした動きは加速することが見込まれる。

ここまで、カーボンニュートラルの推進を難しくする特性と、それを踏まえた取り組みの要諦を述べてきた。「3つの特性」はいずれも中長期的に経営者を悩ますものだ。また、「7つの要諦」についても、これまでの考え方を大きく変えなければできないものもあり、簡単ではない。カーボンニュートラルは企業経営に異次元の難しさをもたらし、抜本的な転換を促すものであることを意識することが必要である。

おわりに

本書は、経営リーダーをはじめ、日本企業のビジネスパーソンの皆様が「カーボンニュートラル」というテーマにどう対峙すべきなのかを考える上でのヒントをご提供し、守りと攻めの両面からの取り組みを推進する際の一助としていただきたいという思いの下、執筆させていただいた。

本書では、カーボンニュートラルを理解するための情報を提示し、次いで必要となる一連の取り組み内容、さらに取り組みを進める上での留意点、という流れで論を展開している。

第1章では、カーボンニュートラルを取り巻く社会・国際情勢を踏まえたシナリオを通じて、このテーマに取り組む必要性をあぶり出し、日本企業も最優先課題の一つとして取り組みを始めることが必須であると申し上げた。第2章では、カーボンニュートラル経営に向けて必要となる3つのステップ、10の取り組みについて、先進事例を交えてご紹介し、具体的に何をやるべきかをお示しした。その上で、第3章では、特に取り組みの端緒において直面するであろう難しさと、その背後にあるカーボンニュートラルの3つの特性を整理し、念頭に置くべき7つの要諦をご紹介した。取り組みが緒に就いたところで勢いがそがれるのは望ましくない。ここではモメンタムを着実なものとするために必要なことをお伝えできていれば幸いである。

ステークホルダーや取り組みの範囲があまりに幅広く、難度も高く、推進に当たっての留意点が多いとなると、カーボンニュートラルに取り組むこと自体への躊躇が生じても無理はない。確かに、輪郭や道筋が見えない中では、カーボンニュートラル経営への道のりは険しいと感じるだろう。ただし、やるべきことを一つひとつ明らかにしていけば、足を踏み入れることすらできない山では決してない。本書でも、なんとかそれをお伝えしたいと、各ステップを丁寧にひもとこうと努めてきた。行うべきことは、一つひとつに分ければ圧倒的に難しいことではなく、着実に実行に移せるものである。そのため、必ずしも最初から満点を狙わずとも、できることから、できるだけ早期に着手することをお勧めしたい。本書がその手引きとなれば喜ばしい限りである。

末筆となるが、本書の執筆に当たり、様々なアドバイスを頂いた日経ＢＰの松山貴之様、手厚いサポートをしてくれたマーケティングチームの満喜とも子さん、嶋津葉子さん、福井南都子さんに心より御礼申し上げたい。

著者プロフィール

内田《うちだ》 有希昌《ゆきまさ》

ＢＣＧ日本共同代表

東京大学文学部卒業。カーネギーメロン大学経営学修士（ＭＢＡ）。株式会社三和銀行（現三菱ＵＦＪフィナンシャル・グループ）を経て現在に至る。ＢＣＧジャパンのオフィス・アドミニストレーター（統括責任者）などを務めたのち現職。

共著書に『デジタル革命代における銀行経営』（金融財政事情研究会）、日経ムック『ＢＣＧカーボンニュートラル経営戦略』（日本経済新聞出版）。

東海林《しょうじ》 一《はじめ》

ＢＣＧマネージング・ディレクター＆シニア・パートナー

一橋大学経済学部卒業。ロチェスター大学経営学修士（ＭＢＡ）。株式会社日本興業銀行（現みずほフィナンシャルグループ）を経て現在に至る。ＢＣＧハイテク・メディア・通信プラクティス、組織・人材プラクティス、およびパブリックセクター・プラクティスのコアメンバー。

共著書に『ＢＣＧ 次の10年で勝つ経営』、『ＢＣＧが読む経営の論点２０２１』、日経ムック『ＢＣＧカーボンニュートラル経営戦略』（日本経済新聞出版）など、監訳書に『組織が動くシンプルな６つの原則』（ダイヤモンド社）。

丹羽《にわ》 恵久《よしひさ》
ＢＣＧマネージング・ディレクター＆パートナー
慶應義塾大学経済学部卒業。国際協力銀行、外資系コンサルティングファームを経て現在に至る。ＢＣＧパブリックセクター・プラクティスの日本リーダー、ハイテク・メディア・通信プラクティス、社会貢献プラクティス、および組織・人材プラクティスのコアメンバー。共著書に『ＢＣＧが読む経営の論点２０１８』、『ＢＣＧが読む経営の論点２０２０』、日経ムック『ＢＣＧカーボンニュートラル経営戦略』（日本経済新聞出版）。

折茂《おりも》 美保《みほ》
ＢＣＧマネージング・ディレクター＆パートナー
東京大学経済学部卒業。同大学大学院学際情報学府修士。スタンフォード大学経営学修士（ＭＢＡ）。ＢＣＧ社会貢献プラクティスの日本リーダー、パブリックセクター・プラクティス、ハイテク・メディア・通信プラクティス、およびコーポレートファイナンス＆ストラテジー・プラクティスのコアメンバー。
共著書に『ＢＣＧが読む経営の論点２０２０』、『ＢＣＧが読む経営の論点２０２１』、日経ムック『ＢＣＧカーボンニュートラル経営戦略』（日本経済新聞出版）。

森原《もりはら》 誠《まこと》
ＢＣＧ パートナー
東京大学法学部卒業。ＵＣＬＡ法科大学院修了。総務省を経てＢＣＧ入社、その後、株式会社青山社中共同代表を経て、ＢＣＧに再入社。ＢＣＧパブリックセクター・プラクティスのコアメンバー。
共著書に日経ムック『ＢＣＧカーボンニュートラル経営戦略』（日本経済新聞出版）。

黒岩《くろいわ》 拓実《たくみ》
ＢＣＧコンサルタント
東京大学薬学部卒業。同大学大学院薬学系修士。カリフォルニア大学バークレー校経営学修士（ＭＢＡ）。経済産業省を経て現在に至る。
共著書に日経ムック『ＢＣＧカーボンニュートラル経営戦略』（日本経済新聞出版）。

BCGカーボンニュートラル実践経営

2021年11月22日　第1版第1刷発行

著　　者　ボストン コンサルティング グループ
発 行 者　吉田 琢也
発　　行　日経BP
発　　売　日経BPマーケティング
〒105-8308
東京都港区虎ノ門4-3-12
装　　丁　bookwall
制　　作　マップス
編　　集　松山 貴之
印刷・製本　図書印刷

Printed in Japan
ISBN978-4-296-11093-3